JN485219

온실가스 감축을 위한 미활용 에너지로써

LNG 냉열의 활용

조정호 · 김동선 편저

A-JIN 도서출판 아 진

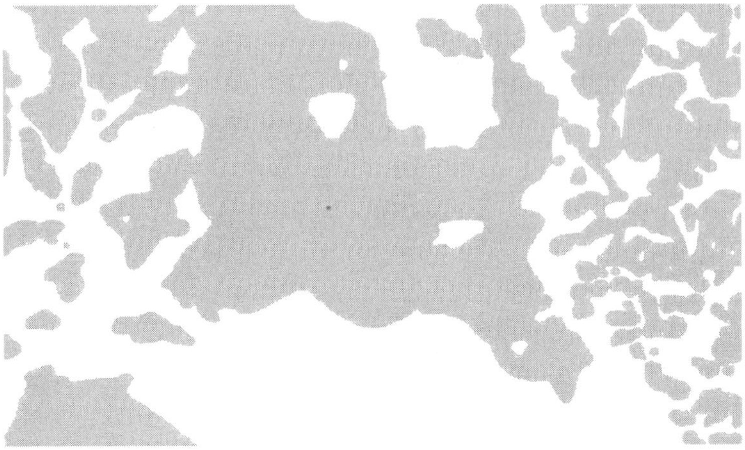

**"내가 가는 길을 그가 아시나니 그가 나를 단련하신 후에는
내가 순금 같이 되어 나오리라 (욥23 : 10)"**

Copyright © 2020 by A-jin Publishing Company.

이 책의 모든 저작권은 지은이에게 있습니다.
이 책의 모든 출판권은 **도서출판 아진**에 있습니다.
신저작권법에 의해 한국 내에서 보호를 받는 저작물이므로 무단전재·복사·제본을 금합니다.
무단전재·복사·제본시 5,000만원 이하의 벌금 및 형사처벌을 받습니다.

머리말

본 “미활용 에너지로써의 LNG 냉열을 이용한 발전공정”은 산업통상자원부 지원 과제로써 “CCUS기술 인력양성 고급트랙”의 세부과제로 공주대학교 화학공학부와 지질환경과학과에서 공동으로 5년간 수행하는 세부과제의 일환으로 저술되었다. 우리나라의 경우에 연간 수입하는 LNG는 약 3,500만 톤으로 일본과 중국에 이어서 세계 3위의 수입국이며, 특히 단일 인수기지로는 평택과 인천이 세계 1위와 2위를 기록하고 있으나, LNG 냉열의 활용은 일본이 60%, 중국이 10%인 반면에 우리는 거의 전무한 실정이다.

LNG는 천연가스를 상압 조건하에서 -163도까지 냉각하면 액화되어 얻어지는 액화천연가스로써 천연가스에 비해서 수송 및 저장이 용이하다. 국내에서 수입하는 천연가스는 대부분이 LNG의 형태로 수입한다. 천연가스를 액화하게 되면 냉동사이클을 가동해야 하므로 과정에서 수많은 전기를 소모하게 된다. 그런데 LNG를 다시 사용하기 위해서는 증발시켜야 하는데 우리나라의 경우에는 대부분 바닷물을 이용해서 재기화시키고 있는 실정이다. 더욱이 바닷물의 온도가 낮은 겨울철에는 LNG를 기화시키기 위해서 천연가스를 연소시켜서 열을 공급하고 있다. 따라서 본 저에서는 천연가스를 액화시키는 과정에서 소요된 전기에너지의 일부를 다시 전기 에너지로 회수하거나 증기 재압축을 이용한 냉동 사이클에 소모되는 전기에너지의 대부분을 회수하는 방법을 제안하고 있다.

제 1장에서는 천연가스와 액화천연가스에 대해서 개괄적인 내용을 다루고 있으며, 2장에서 4장까지는 천연가스 구성물질과 냉매 성분들에 대한 물성 추산을 위한 열역학 모델식에 대해서 설명하였으며, 5장과 6장에서는 증기 재압축을 활용한 냉동사이클에서 소모되는 전력을 절감하기 위해서 LNG와 열교환을 통해서 절감되는 전기에너지를 냉매의 공급온도에 따라서 상관 관계식을 도출하였으며, 여러 가지 작동유체를 활용한 동력생산공정과 천연가스 개실반응을 통해서 수소를

생산할 적에 도출되는 이산화탄소의 양을 LNG의 조성에 따라서 정량적으로 산출하였다.

본 저서를 완성하기까지 도움이 되는 많은 자료를 구해주신 김동선 교수님께 감사를 드리며, CCUS 사업단의 이영미 선생님과 이 책이 출판될 수 있도록 도움을 주신 아진 출판사의 김근배 사장님께도 감사를 드리는 바이다.

편저자 일동

차 례

제 1 장 천연가스와 액화천연가스

1.1 천연가스란 무엇인가?

천연가스(天然 가스, natural gas)는 유전, 탄광지역의 땅 속 또는 해저에서 생성되는 저장온도는 상온 근처이지만 압력은 60기압 이상인 상당히 고압인 메탄과 에탄, 프로판 및 부탄 등과 같은 탄화수소가 주성분인 가스를 말한다. 통상적으로 자연 가스라고도 한다. 천연가스의 주성분은 메탄이며, 에탄 함량이 많고 적음에 따라서 rich gas와 lean gas로 나누어진다.

천연가스 중의 불순물은 수분, 황화수소, 이산화탄소 및 수은 등을 그 예로 들 수 있다. 우리나라에서 수입하는 천연가스의 경우 대부분 액화천연가스(liquefied natural gas, LNG)의 형태로 수입한다. 천연가스는 상압 조건에서 -163도 근처로 온도를 낮추게 되면 액화한다. 천연가스를 액화하기 전에 위의 불순물들은 모두 전처리 공정을 통해서 제거된다. 이산화탄소의 경우 어는점은 -56.57도로 LNG의 온도보다 더 높아서 freezing 문제가 발생하기 때문에 천연가스를 액화시키기 전에 이산화탄소의 함량을 50 ppm 이하까지 제거해 주어야 한다. 이는 수분도 경우에도 마찬가지이다. 수분은 액화하기 전에 천연가스로부터 0.1 ppm까지 제거한다. 또한 황화수소는 독성이 강하기 때문에 대기 방출되면 안 되므로 때문에 사전에 4 ppm 이하까지 제거한다.

아래의 [표 1.1.1]에는 불순물이 제거된 천연가스 중의 탄화수소 성분들에 대한 기본적인 물성치를 나타내었다.

[표 1.1.1] 천연가스를 구성하는 탄화수소 성분들의 기본 물성치

물 성	methane	ethane	propane	I-butane	n-butane	I-pentane	n-pentane
분자량	16.0428	30.0696	44.0965	58.1234	58.1234	72.1503	72.1503
표준 끓는점(K)	111.66	184.55	231.11	261.43	272.65	300.99	309.22

화학식	CH4	C2H6	C3H8	C4H10	C4H10	C5H12	C5H12
임계온도(K)	190.56	305.32	369.83	408.14	425.12	460.43	469.70
임계압력 (kPa)	4,599	4,872	4,248	3,648	3,796	3,381	3,370
임계 몰 부피 (m3/k-mol)	0.0986	0.1455	0.2000	0.2672	0.2550	0.3058	0.3130
임계 압축인자	0.286	0.279	0.276	0.282	0.274	0.270	0.270
편심인자	0.0115478	0.099493	0.152291	0.180771	0.200164	0.227461	0.251506
표준 녹는점(K)	90.69	90.35	85.47	113.54	134.86	113.25	143.42

우리나라에서는 천연가스는 가정용 연료인 도시가스와 천연가스 화력발전의 원료로 사용한다. 천연가스를 연료로 사용했을 경우 장점은 다음과 같은 것들을 예로 들 수 있다.

1. 석탄 화력발전에 비해서 천연가스 화력발전의 경우 이산화탄소 배출량은 약 1/3로 줄어든다.
2. 디젤 기관보다 소음이 더 적다.
3. 천연가스로부터 몇 가지 불순물만 제거해서 바로 얻을 수 있어서 정제과정에서 드는 비용이 다른 액체 연료에 비하여 더 적다.
4. 공기의 분자량이 28.96인 것에 비해서 천연가스의 분자량은 18 정도로 더 작기 때문에 천연가스는 유출 시에 대기 중으로 더 쉽게 확산되기 때문에 안정성이 높다고 할 수 있다.
5. 천연가스 액화기술이 매우 발달해 있기 때문에 보관 및 수송이 용이하다고 할 수 있다.
6. 매장량이 풍부하다. 현재 가용 가능한 기술로 매장량이 향후 약 100년 정도 안정하게 사용할 수 있을 것으로 예측하고 있다.

이에 비해서 천연가스의 단점으로는 다음과 같은 것들이 있다.

1. 발열량이 휘발유나 경우에 비해서 크게 낮다.
2. 자동차용 연료를 기체 상태로 주입하기 때문에 액체 상태로 주입하는 LPG나

휘발유 및 디젤에 비해서 1회 충전에 의한 주행거리가 짧다.
3. 아직까지는 충전소 인프라가 많이 부족하다.

한편 우리나라에서 수입하는 천연가스는 거의 대부분이 액화천연가스 형태로 수입한다. 천연가스를 액화하게 되면 부피가 약 600분의 1로 줄어든다. 천연가스를 액화하는 이유는 저장 및 수송이 용이하기 때문이다. 천연가스를 액화하게 되면 부피가 600분의 1로 줄어들기 때문에 동일한 저장 공간에 600배나 더 많은 양을 저장할 수 있게 된다. 부피가 600분의 1로 줄어들어서 액화하게 되면 수송할 적에 파이프라인의 직경이 줄어들기 때문에 이점이 있다. 또한 기체로 수송하기 위해서는 압축기를 사용해야 하는데, 액체를 수송하기 위해서 펌프를 사용하게 되면 부피변화가 거의 없기 때문에 동력비가 훨씬 줄어드는 장점이 있다.

우리나라에서 한 해에 수입하는 LNG는 약 3,500만 톤가량에 이른다. 다음의 [표 1.1.2]에는 국가별 LNG 수입량을 나타내었다.

[표 1.1.2] 국가별 연간 LNG 수입량

순위	국가	연 수입량(톤)	비율
1	일본	85,600,000	34.00%
2	대한민국	33,400,000	13.20%
3	중국	19,800,000	7.90%
4	인도	14,700,000	5.80%
5	대만	14,600,000	5.80%
6	영국	9,800,000	3.90%
7	스페인	8,900,000	3.50%
8	터키	5,600,000	2.20%
9	브라질	5,200,000	2.10%
10	멕시코	5,100,000	2.00%
11	프랑스	4,500,000	1.80%
12	이탈리아	4,200,000	1.70%
13	아르헨티나	4,200,000	1.70%
14	이집트	3,000,000	1.20%
15	칠레	3,000,000	1.20%
16	쿠웨이트	2,900,000	1.20%
17	타이	2,600,000	1.00%
18	싱가폴	2,100,000	0.80%
19	아랍에미리트	2,000,000	0.80%
-	기타	13,600,000	5.40%

1.2 천연가스 처리공정

천연가스 처리공정의 키워드는 다음과 같이 3가지가 존재한다.

- 전처리공정 (Purification)

- 액화공정 (Volume reduction)
- NGL 회수공정 (Separation)

전처리 공정은 불순물 제거공정이고, volume reduction 공정은 천연가스 액화공정이며, Separation 공정은 에탄 이상의 NGL 회수공정에 해당한다.

1.2.1 전처리 공정

천연가스 전처리 공정은 천연가스 중에 포함되어 있는 산성가스인 황화수소와 이산화탄소를 제거하는 공정이 있으며, 수은 제거공정과 수분 제거공정이 있다. 산성가스 처리공정은 다음의 [그림 1.2.1.1]에 나타내었다. [그림 1.2.1.1]에 의하면 산성가스를 포함하는 천연가스는 흡수탑 하부로 주입되며, 흡수탑 상부로는 아민 수용액이 주입되어 서로 향류로 접촉하면서 아민 수용액은 천연가스 중에 함유되어 있는 산성가스 성분들을 선택적으로 흡수한다. 흡수탑 상부로는 산성가스가 제거된 천연가스가 얻어진다. 통상적으로 이산화탄소는 50 ppm 이하가 되도록 황화수소의 경우에는 4 ppm 이하가 되도록 아민 수용액의 유량을 조절한다. 이산화탄소는 천연가스를 액화하는 과정에서 얼어버리기 때문에 파이프라인을 막히게 하는 원인이 되기 때문에 사전에 제거해 주어야 한다. 황화수소는 독성 때문에 제거한다. 흡수탑 하부로는 산성가스가 용해되어 있는 Rich solvent가 얻어진다. Rich amine의 압력을 낮추어 주면 아민 수용액에 미량 녹아 있는 천연가스 성분들을 제거한 다음에 열교환기를 거친 후에 탈거탑 중간 부로 주입한다. 탈거탑에서는 상부 기상류로 산성가스 성분을 제거하고 하부에서는 산성가스가 제거된 Lean amine을 얻은 후에 열교환기를 거친 후에 다시 흡수탑 상부로 환류시킨다.

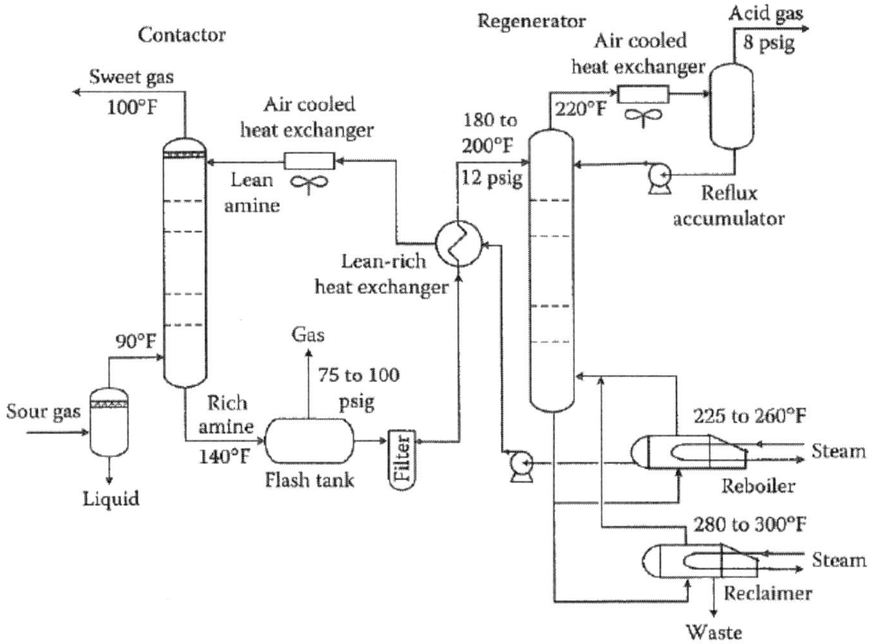

[그림 1.2.1.1] 천연가스 중에 포함되어 있는 산성가스 제거공정 개요도

1.2.2 천연가스 액화공정

천연가스는 메탄이 주성분이며 에탄 함량이 많고 적음에 따라서 Rich gas와 Lean gas로 구분한다. 천연가스는 상압 조건에서 -163도 근처에서 액화가 일어난다. 천연가스를 액화시키는 이유는 저장 및 수송이 용이하기 때문이다. 천연가스를 액화시키면 동일한 공간에 천연가스로 저장할 경우에 비해서 600배 이상을 저장할 수 있으며 천연가스를 수송하는 경우에 비해서 액화천연가스를 수송하면 파이프라인의 직경을 줄일 수 있으며 천연가스를 이송할 경우에는 압축기를 사용하지만 액화천연가스를 이송할 경우에는 펌프를 사용하기 때문에 장치투자비용이나 에너지 소모비용을 줄일 수 있다.

천연가스 액화를 위한 프로판과 에틸렌 및 메탄을 냉매로 사용한 캐스케이드 냉동공정에 대한 PRO/II를 이용한 플로우쉬트는 다음의 [그림 1.2.2.1]에 나타내었다.

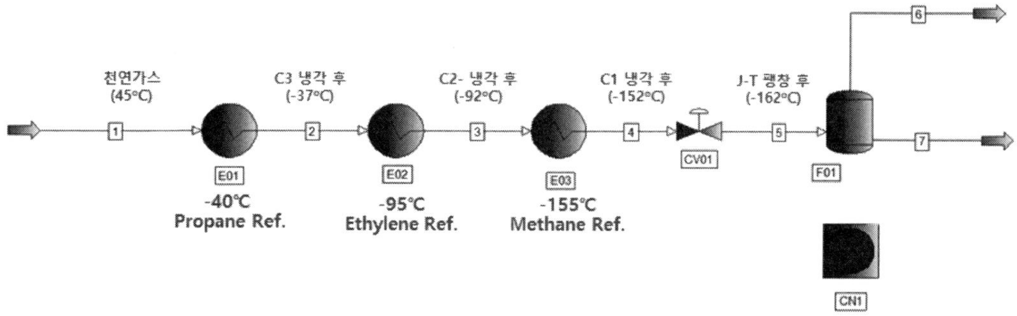

[그림 1.2.2.1] 천연가스 액화를 위한 캐스케이드 냉동 사이클의 플로우 쉬트

위의 [그림 1.2.2.1]에 의하면 45도의 천연가스를 -40도로 공급되는 프로판 냉매에 의해서 -37도까지 냉각시키고, −95도로 공급되는 에틸렌 냉매에 의해서 천연가스를 -92도까지 냉각시키며 마지막으로 -155도로 공급되는 메탄 냉매에 의해서 -152도까지 냉각시킨다. 천연가스는 고압이므로 최종적으로 -162도의 액화천연가스를 얻기 위해서 줄-톰슨 팽창을 한다. 이 과정을 좀 더 상세하게 나타내기 위해서 다음의 [그림 1.2.2.2]를 보기로 하자.

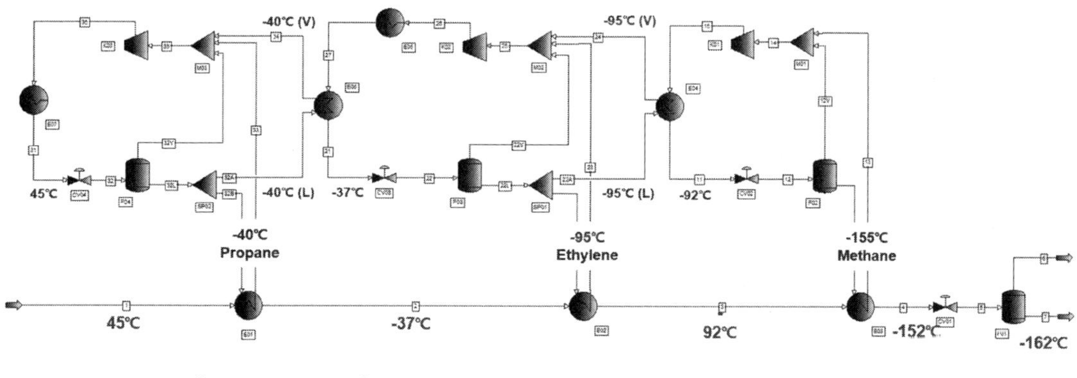

[그림 1.2.2.2] 캐스케이드 냉동 사이클의 플로우 쉬트

위의 [그림 1.2.2.2]에 의하면 천연가스를 -37도까지 냉각시키기 위해서 프로판을 냉매로 사용한 증기 재압축 냉동 사이클이 구성되어 있다. 프로판 냉매는 1

차적으로 천연가스를 액화시키는데 사용되며 또한 에틸렌 냉매를 액화시키는데도 사용된다. 에틸렌 냉동 사이클을 자세히 보면 압축기 후단에 열교환기가 2기가 있는 것을 알 수 있다. 하나는 냉각수를 이용해서 에틸렌을 냉각시키는 것이고 최종적으로는 프로판 냉매를 활용해서 에틸렌을 액화시키는 것이다. 에틸렌 냉매는 -95도로 공급되며 천연가스의 온도를 -92도까지 냉각시킨다. 한편 에틸렌 냉매의 경우도 마찬가지로 1차적으로는 천연가스를 액화시키는데 사용되며 또한 메탄 냉매를 액화시키는데 사용된다. 메탄 냉매는 -155도로 공급되며 천연가스의 온도를 -152도까지 떨어뜨린다. 한편 아래의 [그림 1.2.2.3]에는 다단 캐스케이드 냉동 사이클에 대한 플로우 쉬트를 나타내었다. 단일 냉동 사이클 대신에 다단으로 하는 이유는 냉동에 필요한 소요동력을 절감시키기 위해서이다.

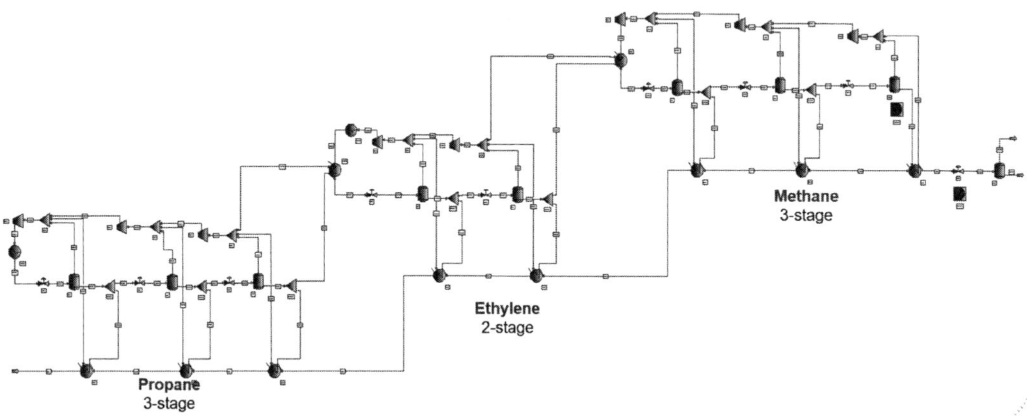

[그림 1.2.2.3] 다단 캐스케이드 냉동 사이클의 플로우 쉬트

1.2.3 NGL 회수공정

NGL은 Natural Gas Liquids의 약자로써 천연가스 혼합물로부터 증류에 의해서 에탄 이상의 성분을 분리한 것을 말한다. NGL 회수공정은 터보 팽창기를 이용하는 경우와 스크러버 타입의 두 가지로 나눌 수 있는데 이 중에서 터보 팽창기를 활용하는 경우가 에탄 회수율을 높일 수 있다. 에탄은 천연가스 중에는 소량 포함되어 있지만 에탄으로부터 수소를 제거함으로 인해서 에틸렌을 만들 수 있기 때문

에 천연가스 구성 성분들 중에서 가장 중요한 성분이 된다. 다음의 [그림 1.2.3.1]에는 NGL 회수를 위한 터보 팽창기 타입의 탈메탄탑의 개요도를 나타내었다. 아래의 그림 1.2.3.1에 의하면 수분이 제거된 천연가스는 101번 스트림에 의해서 102번과 102A의 스트림으로 나누어진다. 102번 스트림은 탈메탄탑 상부의 차가운 기상류와 열교환을 함으로써 더욱 냉각되며 E-103 열교환기는 프로판 냉동사이클의 의해서 모자란 냉열을 공급받는다. 102A 스트림은 사이드 리보일러에 의해서 냉각되어진 후 E-103 후단에서 합쳐진다. E-104에 의해서 부분적으로 액화된 스트림은 증기-액 분리기에서 증기상과 액상이 각각 분리되어진 후 기상류는 터보 팽창기로 주입되며 액상류는 줄-톰슨 팽창밸브에 의해서 탈메탄탑의 운전압력까지 압력강하가 이루어진 후 탈 메탄탑 중간부로 주입된다.

한편 터보 팽창기를 사용하는 목적은 다음의 3가지로 볼 수 있다. 첫 번째로 줄-톰슨 팽창밸브를 사용할 때 보다 더욱 낮은 온도를 얻을 수 있다. 따라서 냉열을 최대한으로 활용할 수 있다. 두 번째로는 터보 팽창기 후단에서 액상류를 얻을 수 있기 때문에 증류탑의 환류의 역할을 수행하게 되어 에탄의 회수율을 높이는데 사용된다. 마지막으로 세 번째는 터보 팽창기에서 얻은 동력으로 탑상 기상류를 압축시키는 동력으로 사용할 수 있는 장점이 있다.

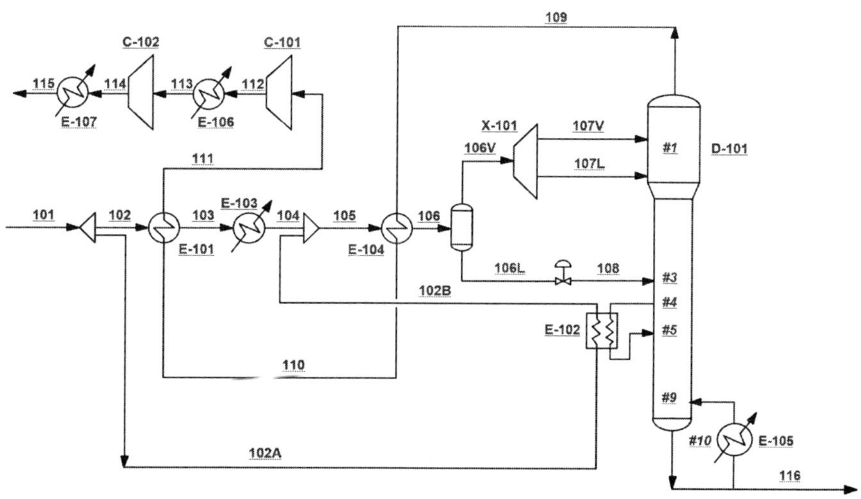

[그림 1.2.3.1] 터보 팽창기 타입의 탈 메탄탑

제 2 장 상평형 일반

2.1 화학공정의 모사에 있어서 열역학 올바른 열역학 모델식 선정의 중요성

공정모사기를 이용하여 화학공정을 모사할 때에 가장 중요한 것은 바로 대상공정을 실제와 근접하게 모사하기 위한 올바른 열역학 모델식의 선정일 것이다. 과거의 공정모사기는 'Keyword Input File' 의 형태로 되어 있어서 마치 'FORTRAN' 이나 'BASIC' 프로그램을 사용하여 프로그래밍 하는 것과 같아서 위의 두 가지 컴퓨터 프로그램을 사용하기 위해서 각각의 컴퓨터 언어를 공부해야 하듯이 개개의 공정모사기를 사용하기 위해서 고유한 문법을 익혀야 했다. 아래의 예제 2.1에서는 간단한 플래쉬 계산에 대해서 PRO/II와 ASPEN PLUS의 Keyword Input File을 나타내었다. 그러나 현대의 공정모사기는 윈도우를 배경으로 하여 그래픽이 충분히 발달해 있어서 어느 한 종류의 공정모사기에 익숙해 있다면 또 다른 종류의 공정모사기를 익히는 데는 맨 처음 학습한 공정모사기를 학습하는 데 필요한 시간보다 훨씬 단축할 수 있다. 반면에 열역학 모델식을 선정하는 데 있어서는 소위 'Default Option' 이 없으므로 사용자가 공정모사기에 내장되어 있는 100개 가까운 다양한 열역학 모델식 중에서 대상 공정에 맞는 적합한 모델식을 잘 선정해야 한다. 왜냐하면 공정모사기는 단순히 계산속도만을 빠르고 편리하게 해주는 일종의 보조 수단인 도구에 불과하므로 잘못된 열역학 모델식을 선정한다 하더라도 수렴한 결과를 내서 실제와는 동떨어진 열 및 물질수지를 제공해 준다. 그렇게 되면 이를 이용해서 유체의 물성치를 계산하고 장치를 사이징하면 어느 장치는 쓸데없이 크게 설계될 것이고 반대로 어느 장치는 필요한 크기보다 작게 설계되어 최종제품을 규격에 맞도록 생산해 내지 못하는 경우가 생기기 때문이다.

예제 2.1 플래쉬 계산에 대한 PRO/II와 ASPEN PLUS Keyword 입력 파일

아래의 [그림 2.1]에 나타낸 바와 같이 에탄, 프로판과 노말 부탄으로 구성된 삼성분계 혼합물을 130°F 조건에서 이슬점 압력을 구하는 키워드 입력 파일을 작성하라.

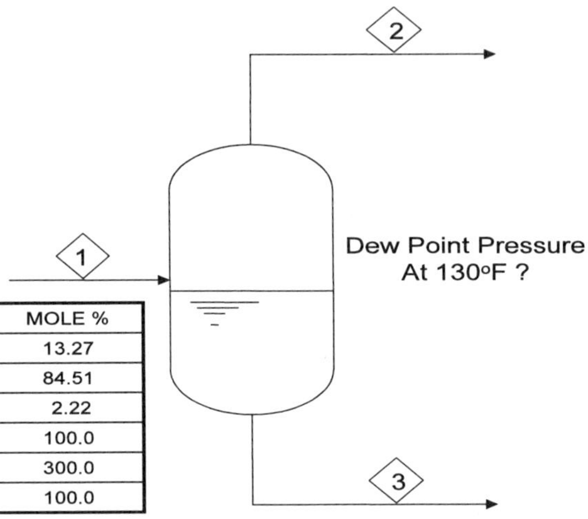

COMPONENT	MOLE %
C2	13.27
C3	84.51
NC4	2.22
TEMP. (°F)	100.0
PRESS. (psia)	300.0
FLOW (lbmole/hr)	100.0

[그림 2.1] Light Hydrocarbon의 Dew Point Flash Calculation

PRO/II Keyword Input File for Flash Calculation

```
TITLE PROJECT=DISTILLATION, PROBLEM=DEWP,USER=JHCHO
  PRINT INPUT=ALL
  SEQUENCE PROCESS
COMPONENT DATA
  LIBID 1,C2/2,C3/3,NC4
THERMODYNAMIC DATA
  METHOD SYSTEM=SRK
STREAM DATA
  PROPERTY STREAM=1,TEMPERATURE=100,PRESSURE=300,&
   RATE(M)=100,COMPOSITION(M)=1,13.27/2,84.51/3,2.22
UNIT OPERATIONS
  FLASH UID=F01
   FEED 1
   PROD V=1V,L=1L
   DEW TEMP=130
END
```

```
ASPEN PLUS Keyword Input File for Flash Calculation
TITLE 'Dew Pressure Calculation for the Condenser Pressure'
IN-UNITS ENG
DEF-STREAMS CONVEN ALL
DESCRIPTION "General Simulation with English Units :
           F, psi, lb/hr, lbmol/hr, Btu/hr, cuft/hr.
   Property Method: None
   Flow basis for input: Mole
   Stream report composition: Mole flow "
DATABANKS PURE10  / AQUEOUS  / SOLIDS  / INORGANIC  /  &
      NOASPENPCD
PROP-SOURCES PURE10  / AQUEOUS  / SOLIDS  / INORGANIC
COMPONENTS
   C2 C2H6 /
   C3 C3H8 /
   NC4 C4H10-1
FLOWSHEET
   BLOCK DEW IN=1 OUT=2 3
PROPERTIES RK-SOAVE
STREAM 1
   SUBSTREAM MIXED TEMP=130. VFRAC=0. MOLE-FLOW=1.
   MOLE-FRAC C2 0.1327 / C3 0.8451 / NC4 0.0222
BLOCK DEW FLASH2
   PARAM TEMP=130. VFRAC=1.
```

공정모사를 수행하는 데 있어서 열역학 모델식의 선정이 중요함을 나타난 실례를 아래의 예제 2.2에서 들도록 한다.

예제 2.2

다음 [표 2.1]에는 물-메탄올 혼합용액(메탄올 40mole%와 물 60mole%)을 한 시간에 100 lbmole을 처리하는 증류탑을 다음의 [그림 2.2]와과 같이 설계한다고 했을 때, 증류탑 하부에서 메탄올의 함량이 환경규제치인 1,000ppm 이하가 되도록 설계한다고 가정하자. 이때 다음의 [표 2.1]에는 이상적인 라울의 법칙을 적용한 경우와 Soave-Redlich-Kwong 상태방정식을 적용한 경우와 NRTL 액체 활동도계수 모델식을 적용한 3가지 열역학 모델식을 가지고 각각 공정모사를 수행했을 때 증류탑 탑저류에서 메탄올의 농도를 나타낸 것이다. [표 2.1]에 나타난 것처럼 위의 3가지 열역학 모델식 중에서 어느 것이 실제 상황에 가장 적합한 모델식이겠는가?

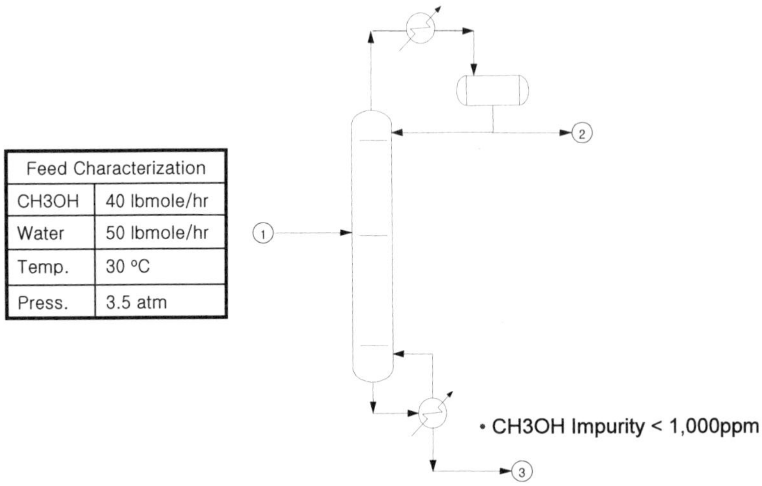

[그림 2.2] 물–메탄올 분리탑

[표 2.1] 물–메탄올 분리탑 하부에서 열역학 모델식에 따른 탑 하부의 메탄올의 농도

Thermodynamic Model	Mole Fraction of Methanol in Bottom Products
Ideal Raoult's Law	1.31 mole%
Soave-Redlich-Kwong	$4x10^{-4}$ ppm
NRTL (with BIP's)	695 ppm

풀이

그 답은 바로 이성분계 상호작용 매개변수(BIP's)를 가지는 NRTL 모델식이다. 그 이유는 다음의 그림 2.1.3에서 그림 2.1.5까지의 그림을 보면 바로 알 수 있다. 물과 메탄올 사이의 기액 상평형 조성과 각각의 열역학 모델식을 이용해서 계산한 것을 비교한 것인데 NRTL식을 이용해서 상평형을 추산한 것이 실제적인 상평형 데이터에 가장 근접한다.

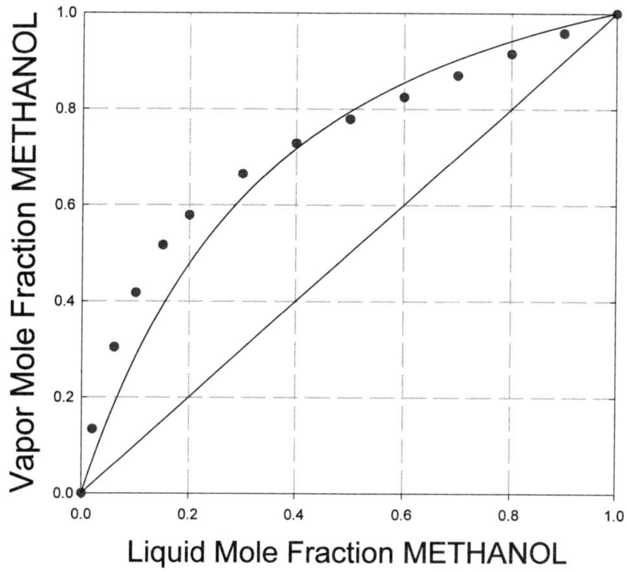

[그림 2.3] Raoult의 법칙을 적용한 경우 물-메탄올 계의 상평형 추산

만일 위의 [그림 2.3]처럼 라울의 법칙을 사용해서 물-메탄올 분리탑을 모사했다고 가정해 보자. 그렇다면 원료주입 액 속의 메탄올 농도인 40 mole%를 기준으로 메탄올의 농도가 낮은 영역(실제로 증류탑에서는 정류부에 해당함.)에서는 계산된 상대휘발도 차이가 실험치보다 안쪽에 있으므로 필요한 단수보다 과도하게 추산될 것이고 반대로 메탄올의 농도가 높은 영역(실제로 증류탑에서는 회수부에 해당함.) 에서는 실험적인 상대휘발도 차가 계산 값보다 안쪽에 있으므로 필요한 단수보다 적게 계산될 것이다.

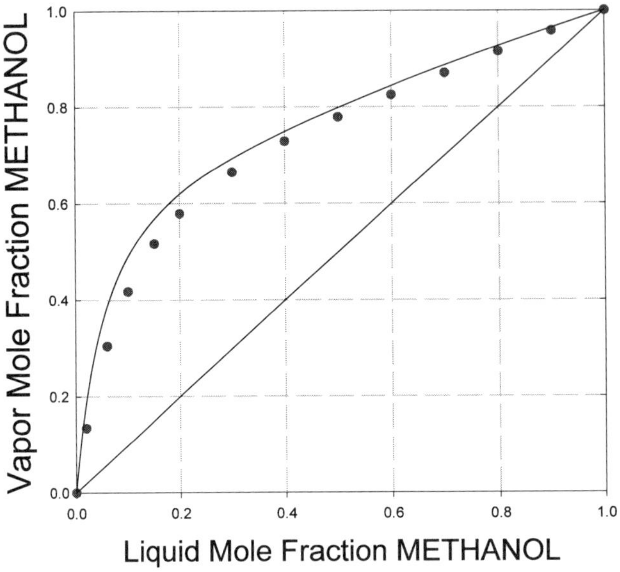

[그림 2.4] SRK 상태방정식을 적용한 경우 물-메탄올 계의 상평형 추산

이번에는 [그림 2.4]와 같이 Soave-Redlich-Kwong(SRK) 상태방정식을 이용해서 물-메탄올 분리탑을 설계했다고 가정해 보자. 계산된 상대 휘발도 값이 메탄올 전 조성범위에 걸쳐서 실험적인 상대휘발도 차이 값보다 크게 나타남을 알 수 있다. 이 경우는 실제로 필요한 증류탑 단수보다 적게 추산될 것이 분명하다. 이 경우에 증류탑의 효율을 산정할 때 탑의 단수를 충분하게 감안하여 계산하지 않거나, 열교환기 Thermal Rating시 응축기와 재비기를 충분하게 오버 디자인하지 않았다면 증류탑에서 하부에서 메탄올 성분을 원하는 환경 규제치 만큼 제거하지 못할 수도 있다. 이 경우에는 SRK 상태방정식의 이성분계 상호작용 매개변수 값을 사용하지 않았기 때문에 실제 상황을 잘 모사하지 못하였다고도 생각할 수 있으나 비록 이성분계 상호작용 매개변수를 사용했다 하더라도 물-메탄올 분리탑은 잘 모사하지 못할 것이다. 왜냐하면 상태방정식 모델식은 주로 탄화수소 계열의 기액 상평형을 추산하는데에 쓰이는 모델식이기 때문이다. 하지만 요즈음에는 혼합규칙을 많이 개발하지 물-메탄올 계처럼 비이상적 거동을 보이는 Chemical

System에도 적용할 수 있는 모델들이 개발되고 있다. 이러한 모델식들은 다음 장에서 자세하게 소개하도록 한다.

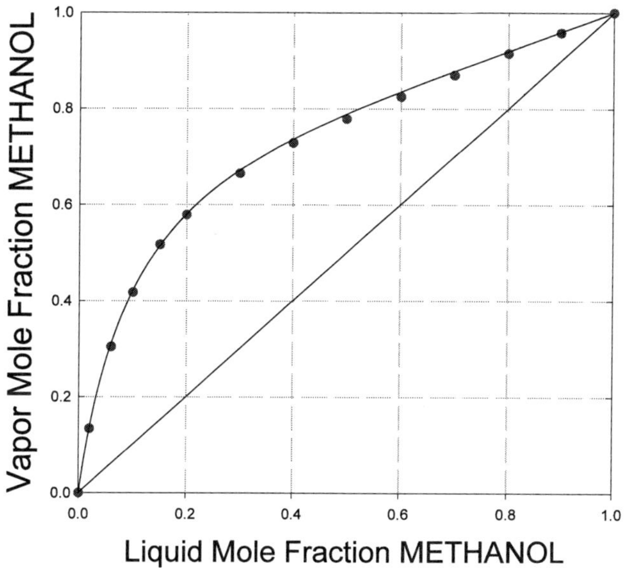

[그림 2.5] NRTL 활동도계수 모델식을 적용한 경우 물-메탄올 계의 상평형 추산

[그림 2.5]의 NRTL 식을 이용해서 추산한 상평형도가 실험 데이터를 잘 지나가므로 3가지 모델식 중에서 본 공정의 설계에 가장 적합한 모델식이 된다. 물-메탄올 계와 같이 액상이 비이상적인 상 거동을 보이는 혼합물 계의 상평형 추산에는 NRTL 모델식과 같은 액체 활동도계수 모델식이 적합하다. 이러한 모델식들에 대한 소개는 이어지는 장에서 자세하게 다루기로 한다. 다음은 NRTL 모델을 사용한 경우의 메탄올 탈수탑을 PRO/II로 모사한 키워드 입력 파일이다.

```
PRO/II Keyword Input File for Flash Calculation
TITLE PROJECT=CLASS,PROBLEM=EX4-2,USER=CJH
 PRINT INPUT=ALL, RATE=M, PERCENT=M
  DIMENSION METRIC, PRES=BAR
  SEQUENCE SIMSCI
COMPONENT DATA
  LIBID 1,METHANOL/2,WATER
THERMODYNAMIC DATA
  METHOD KVAL(VLE)=NRTL,PHI=IDEAL
    KVAL(VLE) POYNTING=OFF
      NRTL 1,2,0,-121.89,0,427.3,0.2835
STREAM DATA
  PROP STRM=1,PRESS=3.5,RATE=1000,COMP=1,40/2,60
    NAME 1,FEED/2,METH PROD/3,WATER PROD
 UNIT OPERATIONS
  COLUMN UID=N-1, NAME=MEOH DRYER
    PARA TRAY=15,IO
    FEED 1,8
     PRODUCT  OVHD(M)=2,400,BTMS(M)=3
    COND TYPE=TFIX,PRESS=1.1,TEMP=45
    DUTY 1,1/2,15
    PSPEC PTOP=1.3,DPCOL=0.2
    PRINT PROPTABLE=PART
    ESTI MODEL=CONV
    SPEC STRM=2,RATE,COMP=1,DIVIDE,STRM=1,&
            RATE,COMP=1,VALUE=0.999
    SPEC STREAM=2,FRACTION, COMP=1,WET, VALUE=0.96,VARY DUTY=1,2
END
```

예제 2.1.3 Acetic Acid / Water Separation Column

두 번째 예로써 아세트산와 물의 이성분계 증류탑 설계의 예를 들 수 있다. 여러분이 약 40% 아세트산을 함유하고 있는 수용액을 증류를 통해서 탑상으로 물을 회수하고 탑저로 아세트산을 회수하는 증류탑의 설계를 의뢰 받았다고 하자. 그러면 먼저 열역학적 관점에서 이 문제를 해결하기 위해서 증류탑의 운전압력 조건인 상압에서 이성분계의 기액 평형 데이터를 확보해야 할 것이다. 아세트산과 물 사이의 이성분계의 기액 평형 데이터는 다음 [그림 2.6]에 나타내었다. [그림 2.6]

을 보면 이 시스템은 공비점을 형성하지도 않고 또한 운전 압력도 상압 근처이므로 기상은 이상기체 혼합물로 가정하고 액상의 비이상성을 설명하기 위해서 보통의 활동도계수 모델식을 사용하면 될 것으로 판단된다. 그러면 이제 [그림 2.7]을 보자. [그림 2.7]에서 파란색 곡선이 NRTL 모델식을 이용해서 아세트산과 물 사이의 이성분계 상평형을 추산한 것이다. 기대와는 달리 NRTL 모델식은 이 계의 기액 평형을 잘 추산하지 못한다. 실제로는 공비점을 형성하지 않으나 NRTL 모델식은 물의 조성이 80% 이상에서 공비점을 형성하는 것으로 잘 못 추산한다. 그렇게 되면 실제로는 아세트산과 물 사이의 효과적인 분리가 가능하나 NRTL 모델식을 사용하면 통상적인 하나의 증류탑을 사용해서는 두 성분 사이의 분리 또는 공비점 이후의 순도를 얻어낼 수 없는 것으로 잘못된 결론을 내리게 될 것이다. 반면에 빨간색 점선으로 표시한 것은 액상은 NRTL 모델식을 기상은 Hayden-O'Connel식을 이용한 것이다. 이 경우에는 주어진 계의 상평형을 잘 추산한다. 그 이유는 다음과 같다.

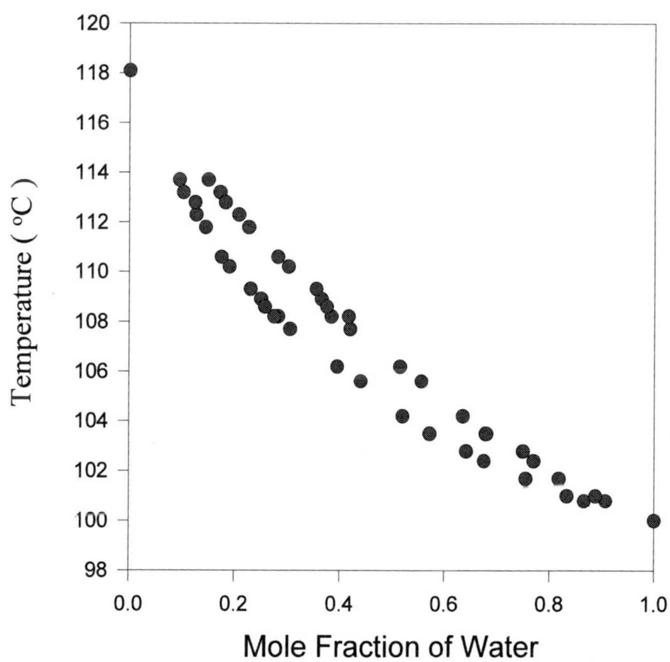

[그림 2.6] 상압하에서 아세트산과 물 이성분계의 온도-조성 상태도

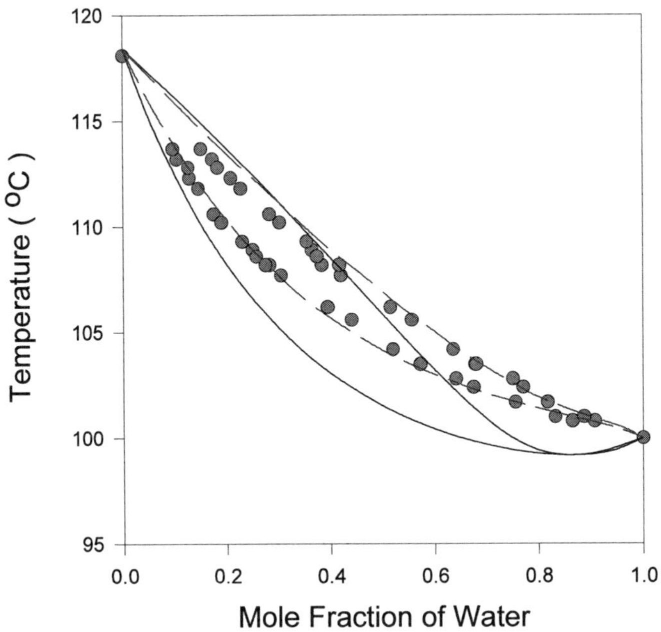

[그림 2.7] 상압하에서 아세트산과 물 이성분계의 온도-조성 상평형 데이터 (동그라미)와 NRTL 모델을 통한 예측 (실선) 및 NRTL + Hayden-O'Connel 모델 (점선)

아래의[그림 2.8]은 액상에서 아세트산의 조성의 함수로 표현한 각 성분의 활동도계수를 NRTL 모델식을 이용해서 나타낸 것이다. 전 조성범위에 걸쳐서 활동도계수가 1이 아니므로 이상용액이 아님은 분명하다. 하지만 활동도계수의 모양이 서로 간에 크게 다르지 않고 대칭축도 0.5 근처에 존재하기 때문에 액상은 그다지 비이상적인 혼합물은 아니다. 그런데 [그림 2.9]는 아세트산의 기상에서의 조성의 함수로 나타낸 각 성분의 퓨개시티 계수를 나타낸 것이다. 여기에서 아세트산의 퓨개시티 계수를 보면 압력이 상압임에도 불구하고 전 조성 범위에 걸쳐서 0.4정도의 값을 나타내는 것을 알 수 있다. 그 이유는 아세트산이 다음 [그림 2.10]과 같이 기상에서 이량체(Dimer)를 형성하기 때문이다. 즉, 기상에서 이량체를 형성한 이후에는 이량체와 단량체 사이의 물리적 상호작용만 존재하므로 마치 겉보기

몰분율이 반으로 줄어든 것과 같은 효과를 나타내므로 퓨개시티 계수가 0.4 근처의 값을 나타내는 것이다.

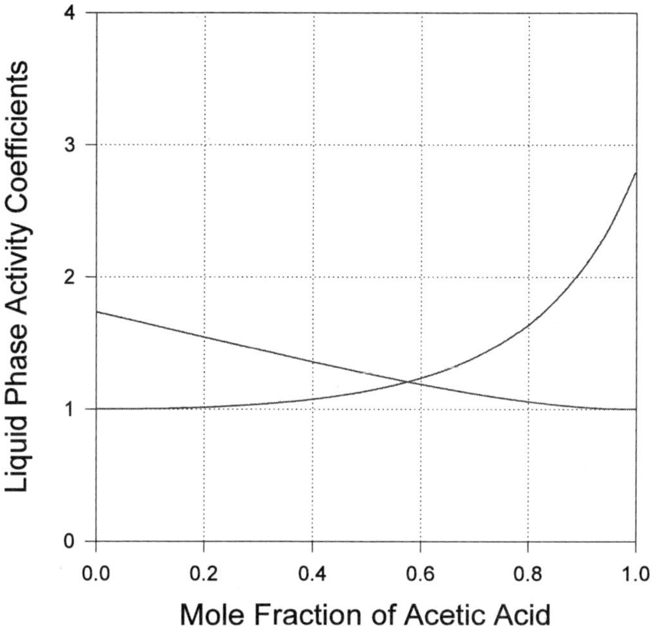

[그림 2.8] 액상의 아세트산의 조성에 대한 각 성분의 액체 활동도계수

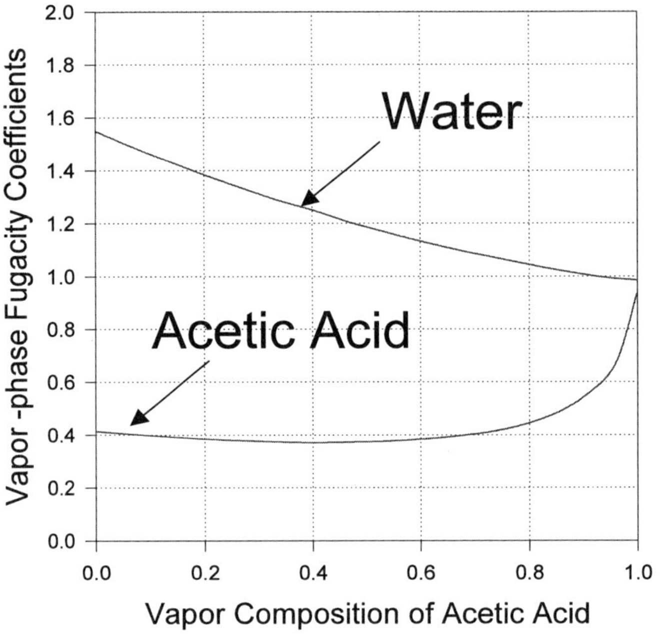

[그림 2.9] 기상에서 아세트산의 조성에 대한 각 성분의 기상에서의 퓨개시티 계수

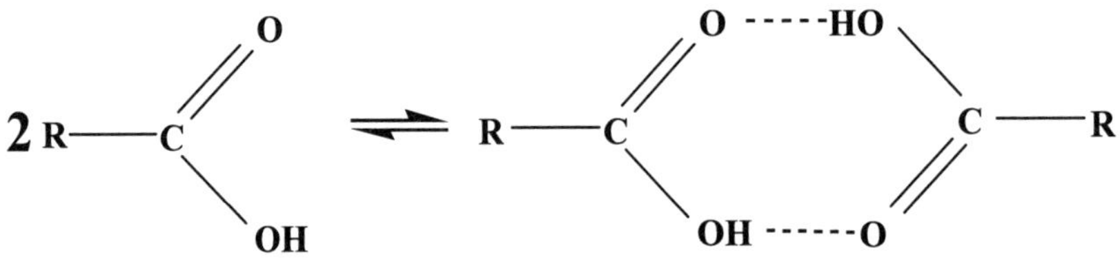

[그림 2.10] 기상에서 카르복시산이 이량체를 형성하는 경우

2.2 상평형 추산에 있어서 One Model Approach와 Two Model Approach

일반적으로 기액 상평형 계산은 두 가지 타입으로 이루어진다. 혼합물의 기액 상평형을 다루는 출발점은 각 상에서 임의의 성분의 퓨개시티가 같다는 것으로부터 기인한다. 이 두 가지 형태의 상평형 계산의 차이는 기상과 액상의 퓨개시티를 계산하는 방법에서 기인한다.

기액 상평형을 추산하는 첫 번째 접근방법은 "Two-model"을 이용하는 것이다. 즉, 기상의 비이상성을 추산하기 위한 퓨개시티의 계산은 퓨개시티 계수를 사용하는 반면에 액상의 비이상성을 추산하기 위한 퓨개시티의 계산은 활동도 계수를 사용한다. 그래서 "Two-model"식 접근방법을 사용하는 전형적인 방법은 기상의 활동도계수의 계산에는 상태방정식을 사용하고 액상의 활동도계수는 액체 활동도계수 모델을 사용하는 것이다. 이는 아래의 식 (2.2.1)과 식 (2.2.2)에 나타내었다.

$$\widehat{f_i^v}(T,P,y_i)=\widehat{\phi_i^v}y_iP \tag{2.2.1}$$

$$\widehat{f_i^l}(T,P,y_i)=\gamma_i x_i P_i^{vap} \tag{2.2.2}$$

기액 상평형을 추산하는 두 번째 방법으로는 "One-model"을 이용하는 것이다. 즉, 기상과 액상의 비이상성을 추산하기 위한 퓨개시티의 계산을 모두 퓨개시티 계수를 이용하는 것이다. 퓨개시티 계수를 구하기 위한 모델식으로는 상태방정식을 사용한다. 따라서 상태방정식적 접근방법을 사용한 경우의 기액 상평형 관계식은 아래의 (2.2.3)식과 같아진다.

$$\widehat{\phi_i^v}y_i=\widehat{\phi_i^l}x_i \tag{2.2.3}$$

이 절에서 소개하게 되는 "One-model"과 "Two model"을 이용하는 접근

방법의 차이는 바로 상태방정식적 접근방법과 활동도계수 모델을 이용하는 상평형 계산 차이의 비교라고 할 수 있다.

아래의 [표 2.2.1]에는 상태방정식 모델식과 활동도계수 모델식의 서로간의 장단점을 간략히 비교해 놓았다.

[표 2.2.1] 상태방정식 모델과 액체 활동도계수 모델 사이의 비교

EOS Models	Activity Coefficient Models
● Limited in ability to non-ideal liquid mixtures	● Can represent highly non-ideal liquids
● Fewer binary parameters required	● Many binary parameters required
● Parameters extrapolate reasonably with temperature	● Binary parameters are highly temperature dependent
● Consistent in critical region	● Inconsistent in critical region
● Can handle dilute inert gas	● Use Henry's law option to treat dilute gas
● Applicable to pure & mixture properties calculation equally well	● Applicable to pure component properties calculation only
● Application to vapor & liquid phase calculation equally well	● Application to liquid phase calculation only

위의 [표 2.2.1]을 보면 상태방정식 모델식과 액체 활동도계수 모델식들 사이의 장단점을 대략적으로 기술하였다. 우선 상태방정식 모델식의 장점은 기본적으로 순수성분과 혼합물의 물성치 계산에 모두 적용할 수 있다는 장점이 있다. 또한 기상이든 액상이든 모두 적용할 수 있는 장점을 가진 반면에 액체 활동도계수 모델은 액상 혼합물에만 적용할 수 있는 단점이 있다. 또한 용매에 초임계 상태의 기체(Supercritical gases)가 용해되는 현상을 상태방정식 모델식은 그 자체로 계산할 수 있으나 액체 활동도계수 모델식을 적용하기 위해서는 기본적으로 순수성분의 증기압 추산을 위해서 Antoine 증기압 추산식을 사용하기 때문에 이미 초임계 상태를 넘어선 기체 성분들이 용매에 용해되는 현상은 해석할 수 없다. 이 경우에는 헨리의 법칙의 도움을 받아야 한다. 이처럼 액체 활동도계수 모델식은 상태방

정식 모델식에 비해서 많은 단점을 가지고 있는 식들임에도 불구하고 아직까지 널리 사용되고 있는 이유 중의 하나는 상압 근처에서 액액 상분리 현상을 잘 추산하기 때문이다. 상태방정식 중에서 SRK, PR식과 같은 삼차형 상태방정식들은 기본적으로 이상기체 상태방정식을 변형해서 만든 식이고 원래가 기체상태의 물성치 계산이나 주로 탄화수소 계열의 혼합물의 기액 평형을 추산하기 위해서 만들어진 식이므로 상압에서 액액 상분리가 일어나는 계의 적용에는 단점이 있다. 최근 들어서 Kabadi-Danner 혼합규칙 등이 물과 탄화수소 혼합물 사이의 서로간의 용해도를 비교적 잘 추산하는 상태방정식 모델식들이 개발되고 있으므로 상당 부분 액체 활동도계수 모델식들을 사용하여 추산하는 계들을 상태방정식 모델식들로 대체하고 있는 실정이다.

2.3 기액 평형 관계식

기액 상평형 추산은 물과 수증기와 평형과 같이 순수 성분을 대상으로 한 기액 상평형이 있고 다성분계를 다루는 혼합물의 기액 상평형 관계식이 있다. 이 절에서는 혼합물의 경우가 순수 성분의 기액 상평형을 포함하고 있으므로 혼합물의 기액 상평형 관계식을 다루어 보도록 한다. 먼저 기액 상평형 상태에 놓여 있는 다성분계 중에서 임의의 'i' 성분에 대해 각 상에서 화학 포텐샬이 같다라는 아래의 식 (2.3.1)에서부터 출발한다.

$$\mu_i^v(T,P,y_i)=\mu_i^l(T,P,x_i) \tag{2.3.1}$$

그런데 여기에서 온도와 압력은 기상과 액상에서 서로 구분하지 않았다. 따라서 이 말은 기상과 액상의 온도와 압력이 서로 같다는 것을 의미한다. 즉, 상평형 상태에 도달하기 위해서는 열평형 조건인 각상의 온도가 같아야하고 역학적인 평형 조건인 각상에서 압력이 서로 같아야 함을 의미한다. 화학 포텐셜은 직관적으로 이해하기 어려운 다소 모호한 개념이므로 다음의 (2.3.2)식과 같이 화학 포텐셜과 퓨개시티 사이의 관계식을 도입하자.

$$\mu_i = \mu_i^0 + RT\ln\left(\frac{\hat{f}_i}{f_I^0}\right) \qquad (2.3.2)$$

위의 식 (2.3.1)과 식 (2.3.2)를 연립하면 아래의 식 (2.3.3)과 같이 각상에서 퓨개시티가 같다는 식을 얻을 수 있다.

$$\hat{f}_i^v(T,P,y_i) = \hat{f}_i^l(T,P,x_i) \qquad (2.3.3)$$

하지만 아직도 여전히 기액 평형에 대해서 모호하기는 하지만 퓨개시티는 압력과 같은 단위를 가지므로 화학 포텐셜보다 좀 더 직관적으로 이해하는데 접근했다고 볼 수 있다. 퓨개시티를 도성(Escaping Tendency)이라고 정의하면 다소 이해하기 쉬울 것이다. 예컨데, A와 B의 두 나라가 국경을 근접하고 존재한다고 하자. 만일 A 나라의 퓨개시티가 B 나라의 퓨개시티보다 크다라고 하면 어떻게 되겠는가? 이는 A 나라에서 B 나라도 이민을 떠나는 사람의 수가 B 나라에서 A 나라로 이민을 오는 숫자보다 많다는 것을 의미한다. 그러므로 전체적으로는 A 나라의 인구는 점점 줄어들고 B 나라의 인구는 점점 늘어날 것이다. 따라서 결과적으로 A 나라 보나는 B 나라가 좀 더 살기 좋은 나라라고 결론지을 수 있을 것이다. 이를 혼합물의 기액 평형에 적용해서 만일 액상의 퓨개시티가 기상의 퓨개시티보다 크다면 전체적으로는 자발적인 증발이 이루어지는 것으로 관찰이 될 것이고 그 반대로 기상의 퓨개시티가 액상의 퓨개시티보다 더 크다면 응축하는 속도가 증발하는 속도보다 커지게 되므로 전체적으로는 자발적인 응축이 일어날 것이다. 따라서 기액 평형상태에 놓여 있다라는 것은 증발하는 속도와 응축하는 속도가 같아서 겉보기로는 아무런 변화가 이루어지지 않은 동적인 평형상태를 일컫는다. 퓨개시티는 다시 퓨개시티 계수(Fugacity Coefficient)를 도입하므로써 상태방정식을 적용할 수 있게 된다. 혼합물 중의 'i' 성분의 퓨개시티 계수의 정의는 다음과 같다.

2.4 순수성분의 퓨개시티 계수 표현식의 유도

순수성분이 기상과 액상에서 서로 평형을 이루고 있을 때 원리상 두 상에서 화학포텐셜이 같다는 것으로부터 출발한다.

$$\mu_i^{vap} = \mu_i^l \tag{2.4.1}$$

그런데 화학포텐셜, μ_i는 다음과 같이 쓸 수 있다.

$$\mu_i = \mu_i^0 + RT\ln\left(\frac{f_i}{f_i^0}\right) \tag{2.4.2}$$

또 화학포텐셜, μ_i는 몰당 깁스 자유에너지와 같으므로, 다음과 같이 변형된다.

$$d\mu_i = RTd\ln f_i = dG = VdP \tag{2.4.3}$$

위의 식 (2.4.3)을 적분하면 다음을 얻는다.

$$\ln\left(\frac{f_2}{f_1}\right) = \ln\phi_i = \frac{1}{RT}\int_{P_1}^{P_2} vdP \tag{2.4.4}$$

그런데, 초기압력을 영으로 놓으면 위의 식 (2.4.4)는 다음과 같이 변형할 수 있다.

$$\ln\left(\frac{f}{P}\right) = \ln\phi_i - \frac{1}{RT}\int_{P_1}^{P_2}\left(v - \frac{RT}{P}\right)dP \tag{2.4.5}$$

위의 식 (2.4.5)에서 $\int_{P_0}^{P} vdP$는 부분적분에 의해서 다음과 같이 변형할 수 있다.

$$\int_{P_0}^{P} v dP = \int_{P_0, v_0}^{P, v} d(Pv) - \int_{v_0}^{v} P dv = Pv - P_0 v_0 - \int_{v_0}^{v} P dv \tag{2.4.6}$$

따라서 위의 식 (2.4.5)는 다음과 같다.

$$RT \ln \phi_i = Pv - RT - \int_{v_0}^{v} P dv - RT \ln\left(\frac{P}{P_0}\right) = \tag{2.4.7}$$
$$Pv - RT - \int_{v_0}^{v}\left(P - \frac{RT}{v}\right)dv - \int_{v_0}^{v}\left(\frac{RT}{v}\right)dv - RT\ln\left(\frac{P}{P_0}\right)$$

양변을 RT로 나누면 다음과 같다.

$$\ln \phi_i = Z - 1 - \frac{1}{RT}\int_{v_0}^{v}\left(P - \frac{RT}{v}\right)dv - \ln\left(\frac{v}{v_0}\right) - \ln\left(\frac{P}{P_0}\right) \tag{2.4.8}$$

위의 식 (2.4.8)에서

$$-\ln\left(\frac{v}{v_0}\right) - \ln\left(\frac{P}{P_0}\right) = -\ln\left(\frac{Pv}{P_0 v_0}\right) = -\ln\left(\frac{Pv}{RT}\right) = -\ln Z \tag{2.4.9}$$

가 성립한다.

위의 식 (2.4.8)은 최종적으로 다음과 같다.

$$\ln \phi_i = Z - 1 - \ln Z - \frac{1}{RT}\int_{\infty}^{v}\left(P - \frac{RT}{v}\right)dv \tag{2.4.10}$$

예제 2.3.1 반데르발스 상태방정식을 이용한 순수성분의 퓨개시티 계수 표현식

풀이

식 (2.4.10)에서 출발:

$$\ln\phi_i = Z - 1 - \ln Z - \frac{1}{RT}\int_{\infty}^{v}\left(P - \frac{RT}{v}\right)dv \tag{2.4.10}$$

그런데 여기에서,

$$\begin{aligned}\int_{\infty}^{v}\left(P - \frac{RT}{v}\right)dv &= \int_{\infty}^{v}\left[\frac{RT}{v-b} - \frac{a}{v^2} - \frac{RT}{v}\right]dv \\ &= RT\ln(v-b)\Big|_{\infty}^{v} + \left(\frac{a}{v}\right)\Bigg|_{\infty}^{v} - RT\ln v\Bigg|_{\infty}^{v} \\ &= RT\ln\left(\frac{v-b}{v}\right) + \frac{a}{v}\end{aligned}$$

∴ 반데르발스식의 퓨개시티 계수 표현식은 다음과 같다.

$$\ln\phi_i = Z - 1 - \ln Z - \ln\left(\frac{v-b}{v}\right) + \frac{a}{RTv} \tag{2.4.11}$$

2.5 혼합물 중의 'i' 성분의 퓨개시티 계수 표현식의 유도

원식은 다음과 같다.

$$\ln\hat{\phi}_i = -\ln Z - \int_{\infty}^{v}\left[\left(\frac{\partial(nZ)}{\partial n_i}\right)_{T,V,n_{j\neq i}} - 1\right]\frac{dV}{V} \qquad (2.5.1)$$

원리상 혼합물이 기상과 액상에서 서로 평형을 이루고 있을 때 다음 관계식이 성립한다.

$$\mu_i^v = \mu_i^l \qquad (2.5.2)$$

그런데 화학포텐셜, μ_i는 다음과 같이 쓸 수 있다.

$$\mu_i = \mu_i^0 + RT\ln\left(\frac{\hat{f}_i}{f_i^0}\right) \qquad (2.5.3)$$

또, 화학포텐셜, μ_i는 몰당 깁스 자유에너지와 같으므로, 다음과 같이 변형된다.

$$d\mu_i = RTd\ln\hat{f}_i = d\overline{G}_i = \overline{V}_i dP = \left[\frac{\partial(nV)}{\partial n_i}\right]dP \qquad (2.5.4)$$

편미분에 관한 chain rule에 의하면 다음 관계식이 성립한다.

$$\left(\frac{\partial nV}{\partial n_i}\right)\left(\frac{\partial n_i}{\partial P}\right)\left(\frac{\partial P}{\partial nV}\right) = -1 \qquad (2.5.5)$$

위의 (2.5.55)식으로부터 (2.5.4)식의 우변 항을 구하면 다음과 같다.

$$\left(\frac{\partial nV}{\partial n_i}\right)dP = \overline{V}_i dP = -\left(\frac{\partial P}{\partial n_i}\right)d(nV) \tag{2.5.6}$$

위의 (2.5.6)식을 (2.5.4)식에 대입하면 다음을 얻는다.

$$RTd\ln\hat{f}_i = -\left(\frac{\partial P}{\partial n_i}\right)d(nV) \tag{2.5.7}$$

(2.5.7)의 양변에 $RTd\ln\left(\frac{V}{RT}\right)$를 더하면 다음과 같다.

$$RTd\ln\frac{\hat{f}_i V}{RT} = -\left(\frac{\partial P}{\partial n_i}\right)d(nV) + RTd\ln\left(\frac{V}{RT}\right) \tag{2.5.8}$$

$$= \left[-\left(\frac{\partial P}{\partial n_i} + \frac{RT}{nV}\right)\right]d(nV) \tag{2.5.9}$$

그런데, $\lim_{V\to\infty} ln\frac{\hat{f}_i V}{RT} = \lim_{P\to 0}\frac{\hat{f}_i}{P} = \ln y_i$가 성립한다.

위의 (2.5.9)식을 적분하면 다음을 얻는다.

$$RT\ln\frac{\hat{f}_i}{y_i} = \int_V^\infty\left(\frac{\partial P}{\partial n_i} - \frac{RT}{nV}\right)d(nV) - RT\ln\frac{V}{RT} \tag{2.5.10}$$

위의 (2.5.10)식의 양변에서 $RT\ln P$를 빼면 다음을 얻는다.

$$RT\ln\frac{\hat{f}_i}{y_i} - RT\ln P = \int_V^\infty\left(\frac{\partial P}{\partial n_i} - \frac{RT}{nV}\right)d(nV) - RT\ln\frac{V}{RT} - RT\ln P \tag{2.5.11}$$

$$RT\ln\frac{\hat{f}_i}{y_iP}=\int_V^{\infty}\left(\frac{\partial P}{\partial n_i}-\frac{RT}{nV}\right)d(nV)-RT\ln\frac{PV}{RT} \tag{2.5.12}$$

$$RT\ln\hat{\phi}_i=RT\ln\frac{\hat{f}_i}{y_iP}=\int_V^{\infty}\left(\frac{\partial P}{\partial n_i}-\frac{RT}{nV}\right)d(nV)-RT\ln Z \tag{2.5.13}$$

그런데 압축인자의 정의로부터 $P=\dfrac{ZRT}{V}$ 이므로 다음 관계식이 얻어진다.

$$\left(\frac{\partial P}{\partial n_i}\right)_{T,nV,n_{j\neq i}}=\frac{P}{nZ}\left(\frac{\partial(nZ)}{\partial n_i}\right)_{T,nV,n_{j\neq i}} \tag{2.5.14}$$

위의 (2.5.12)식을 (2.5.11)식에 대입해서 정리하면 다음을 얻는다.

$$\ln\hat{\phi}_i=-\ln Z-\int_{\infty}^{v}\left[\left(\frac{\partial(nZ)}{\partial n_i}\right)_{T,V,n_{j\neq i}}-1\right]\frac{dV}{V} \tag{2.5.15}$$

2.6 액액 평형 관계식

에탄올을 물이 들어 있는 비이커에 첨가해 보면 에탄올의 양이나 섞는 온도에 관계없이 이 혼합물은 하나의 액상을 이룬다. 즉, 이 두 액체는 서로 완전히 섞인다 (Completely Miscible System). 이와는 대조적으로 물과 파라 자일렌은 서로 거의 섞이지 않고 서로 다른 두개의 액상으로 상이 갈라진다. 물 층에는 미량의 파라 자일렌이 녹아 있는 한편, 파라 자일렌 층에도 미량의 물만 녹아 있다. 이 두 액체는 서로 섞이지 않는다(Immiscible System). 소량의 페놀을 물에 혼합하면 처음에는 페놀이 물에 완전히 녹아서 하나의 액상을 형성하지만, 물을 조금 더 넣으면 어느 점에서 물이 페놀로 포화되고 계속해서 페놀을 더 넣으면 물이 많은 층과 페놀이 많은 두개의 액상으로 상분리가 일어난다. 이러한 액체 혼합물은 부분 혼합계(Partially Miscible System)이다.

어느 두 액체성분이 주어진 온도와 혼합 조건하에서 완전히 혼합되어서 안정한 단일상을 형성할 것인지, 전혀 섞이지 않을 것인지 또는 부분적으로 섞일 것인지에 대한 공준은 혼합에 따르는 Gibbs 자유에너지 변화를 구해 보면 된다. 비이상 용액계에 대한 Gibbs 자유에너지 변화는 다음의 (2.6.1)식과 같이 주어진다.

$$\Delta G^{mix} = RT\sum_{i}^{N} x_i \ln x_i + G^{ex} \tag{2.6.1}$$

그런데 Gibbs 자유에너지에 대한 자발적 과정과 평형에 관한 공준은 다음과 같다. 즉, "자발적 과정에 대하여 Gibbs 자유에너지는 항상 감소하다가 평형상태에서 최소값을 갖는다." 이를 이성분계 혼합물에 적용해서 수학적으로 표현하면 조성의 함수로 표현한 혼합에 따른 Gibbs 자유에너지 변화가 항상 '아래로 볼록' 한 함수의 형태를 갖는다. 이를 그림으로 나타내면 아래의 [그림 2.6.1]과 같이 될 것이다. 아래의 그림에서 보면 알 수 있듯이 25°C 조건하에서 물과 에탄올은 어느 비율로 섞든지 관계없이 서로 잘 섞여서 안정한 단일 액상을 형성한다. 이것을 수식으로 표현하면 다음의 (2.6.2)식과 같아진다.

$$\left[\frac{\partial^2 \Delta G^{mix}/RT}{\partial x^2}\right] > 0 \tag{2.6.2}$$

위의 (2.6.2)식에 의하면, 물과 에탄올 이성분계는 25°C 조건하에서 전 조성 범위에서 혼합에 따른 Gibbs 자유에너지 변화가 아래로 볼록하다. 즉, 서로 완전히 혼합한 다는 뜻이다.

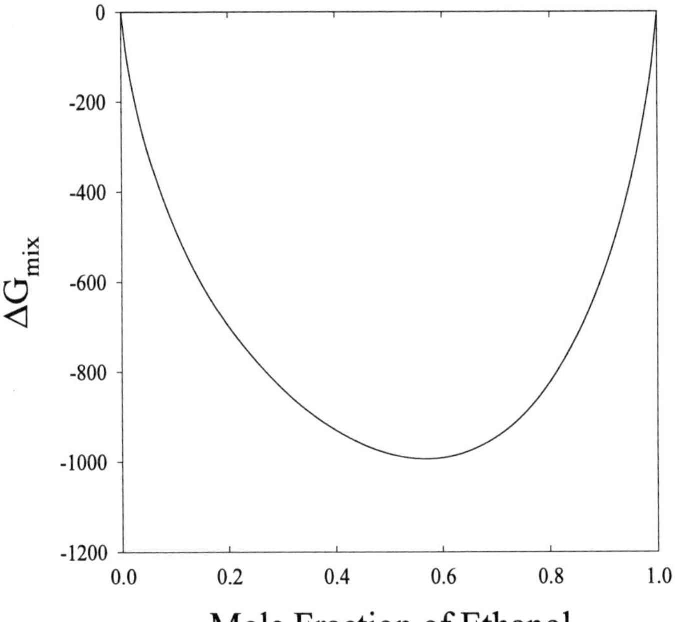

[그림 2.6.1] 에탄올-물 이성분계의 25°C, 1기압에서 혼합에 따른 Gibbs 자유에너지 변화

한편 파라 자일렌-물 계는 25°C 조건하에서 혼합에 따른 Gibbs 자유에너지 변화가 전 조성 범위에 걸쳐서 양의 값을 갖는다. 이것은 수학적으로 다음과 같이 쓸 수 있다.

$$\left[\frac{\partial^2 \Delta G^{mix}/RT}{\partial x^2}\right] < 0 \tag{2.6.3}$$

위의 (2.6.3)식에 의하면 파라 자일렌-물계는 25°C 조건하에서 전혀 섞이지 않는다는 것을 의미한다. 어떠한 비율로 섞든지 간에 혼합에 따른 Gibbs 자유에너지 변화가 양의 값을 가지므로 안정성 조건을 만족하지 못한다. 따라서 파라 자일렌-물계가 단일한 액상을 형성하지 못하므로 서로 다른 두 액상으로 상분리가 일어나게 된다. 하지만 그림 상으로는 잘 나타나지 않지만 양끝에서 그래프가 약간 음의 값을 갖게 된다. 이것은 서로에 대한 용해도가 아주 작다는 것을 의미한다.

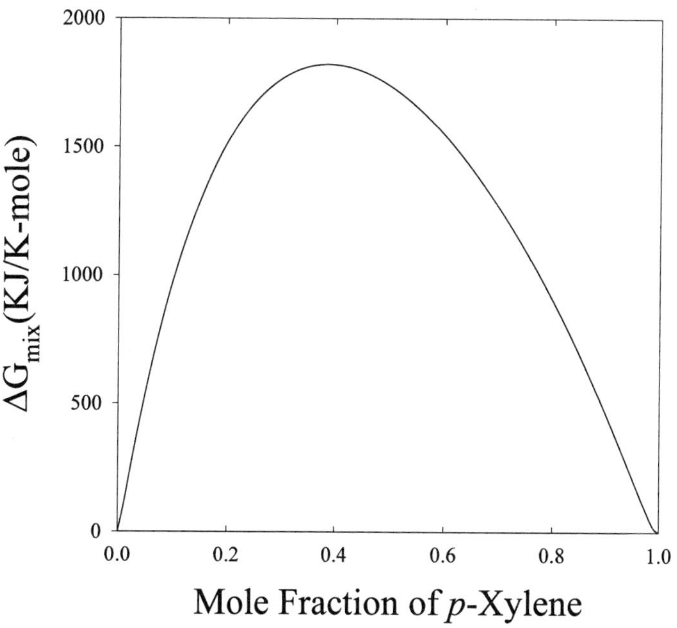

[그림 2.6.2] 파라 자일렌-물 이성분계의 25°C, 1기압에서 혼합에 따른 Gibbs 자유에너지 변화

아래의 [그림 2.6.3]을 보면 혼합에 따른 Gibbs 자유에너지 변화가 부탄올의 농도가 적은 영역에서는 아래로 볼록한 경향을 보이다가 중간 조성 영역에서 위로 볼록한 경향을 보이다가 부탄올의 농도가 높은 영역에서 다시 아래로 볼록한 경향을 나타냄을 알 수 있다. 이것은 부탄올의 농도가 낮은 영역에서는 물과 잘 섞여서 안정한 단일상을 형성함을 의미하고 혼합에 따른 Gibbs 자유에너지 변화가 위로 볼록한 영역에서 안정성 조건을 만족하지 못하므로 물이 지배적인 층과 부탄올이 지배적인 층으로 액액 상분리가 일어나는 조성영역이 존재한다는 것을 의미한다. 다시 부탄올의 농도가 높아지면 안정성 조건을 만족하게 되어 물과 부탄올 혼합물은 서로 잘 섞이게 된다. 이를 수학적으로 표시하면 아래의 (2.6.4)식과 같이 표현할 수 있다.

$$\left[\frac{\partial^2 \Delta G^{mix}/RT}{\partial x^2}\right]=0 \tag{2.6.4}$$

어떤 이성분계 액체 혼합물이 이상용액의 거동을 나타낼 것인지, 라울의 법칙으로부터 양의 편차를 나타낼 것인지, 공비점을 형성할 것인지, 아니면 액상이 안정성 조건을 만족하지 못해서 서로 다른 두개의 액상으로 갈라질 것인지는 조성에 대한 활동도를 도시해 보아도 알 수 있다. 이것은[그림 2.6.3]에 나타내었다.

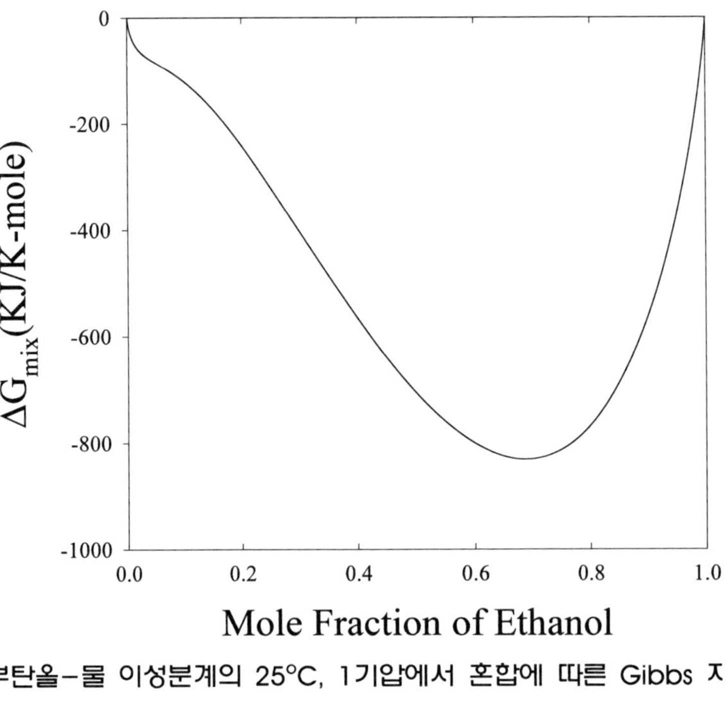

[그림 2.6.3] 부탄올-물 이성분계의 25°C, 1기압에서 혼합에 따른 Gibbs 자유에너지 변화

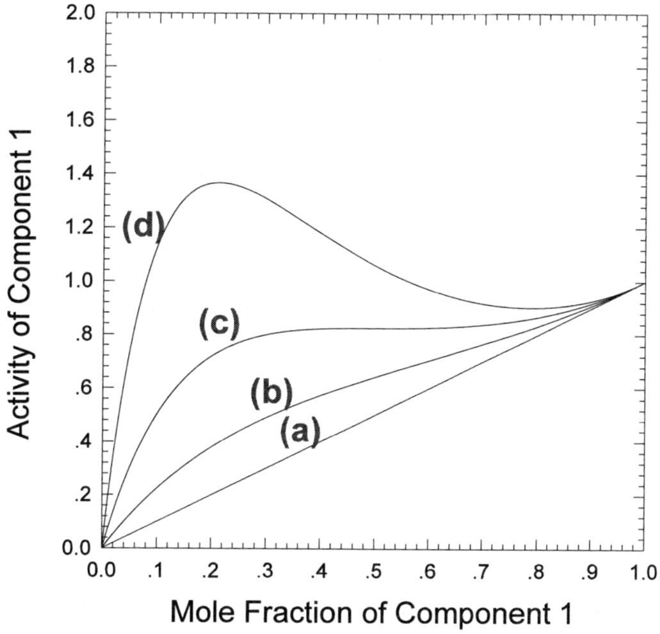

[그림 2.6.4] 액상의 조성에 대한 활동도계수 관계: (a) 이상용액, (b) 비이상용액, (c) 액액 상분리의 한계, (b) 액액 상분리가 일어나는 계

<u>예제 2.6.1</u> One Constant Margules식을 사용한 이성분계 액체 혼합물의 안정성 조건

어떤 이성분계 혼합물이 One Constant Margules식을 따른다고 했을 때, 상분리가 일어나지 않을 조건을 구하시오.

풀이

위의 (2.6.1)식에 One Constant Margules식을 적용하면 다음을 얻는다.

$$\Delta G^{mix} = RT[x\ln x + (1-x)\ln(1-x)] + Ax(1-x) \tag{2.6.5}$$

위의 식의 2계 도함수를 구하기 위해 우선 1계 도함수를 구해 보면 다음과 같다.

$$\frac{\partial \Delta G^{mix}/RT}{\partial x} = \ln x + 1 - \ln(1-x) - 1 + A(1-2x) \qquad (2.6.6)$$

위의 식을 한번 더 미분하면 2계 도함수를 얻는다.

$$\frac{\partial^2 \Delta G^{mix}/RT}{\partial x^2} = \frac{1}{x} + \frac{1}{1-x} - 2A > 0 \qquad (2.6.7)$$

위의 (2.6.7)식을 변형하면 다음과 같은 2차 부등식을 얻는다.

$$x^2 - x + \frac{1}{2A} > 0 \qquad (2.6.8)$$

2.7 과잉 Gibbs 자유에너지와 액체 활동도계수 사이의 관계식의 유도

액체 용액론에서 가장 중요한 작업은 G^{ex} 또는 ΔG를 측정하는 것이다. 혼합물에 따른 일반적인 거시적인 물성치의 변화인 ΔM은 다음의 (2.7.1)식과 같이 표현할 수 있다.

$$\Delta M = M - \sum_i x_i M_i \qquad (2.7.1)$$

여기에서 M은 일정한 온도와 압력 하에서 혼합물 1mole의 특성값을 나타내고, M_i는 역시 일정한 온도와 압력조건에서 순수성분 'i'의 1mole의 특성값을 나타낸다. 즉, 혼합에 따른 특성치의 변화는 혼합후의 물성치와 혼합 전에 물성값들의 합과의 차이와 같다. 또한 과잉량은 다음의 (2.7.2)식과 같이 표현할 수 있다.

$$M^{ex} = M - M^{id} \qquad (2.7.2)$$

위의 (2.7.2)식에 의하면 어떤 특성치의 과잉량 M^{ex}는 실제혼합용액 1mole의 특성치와 이상적인 혼합물 1mole의 특성치와의 차이로써 정의되어질 수 있다. 위에서 (2.7.1)식과 (2.7.2)식을 각각 M에 대해서 정리하면 다음의 (2.7.3)식을 얻는다.

$$M = \Delta M + \sum_i x_i M_i = M^{ex} - M^{id} \tag{2.7.3}$$

또한 위의 (2.7.3)식을 변형해서 혼합에 따른 특성치 변화인 ΔM에 대해서 정리하면 다음을 얻는다.

$$\Delta M = M^{id} - \sum_i x_i M_i + M^{ex} \tag{2.7.4}$$

그런데 위의 (2.7.4)식에서

$$\Delta M^{id} = M^{id} - \sum_i x_i M_i \tag{2.7.5}$$

이므로 (2.7.4)식과 (2.7.5)식을 연립해서 정리하면 최종적으로 다음의 (2.7.6)식을 얻는다.

$$\Delta M = \Delta M^{id} + M^{ex} \tag{2.7.6}$$

그런데, 용액열역학에서 거시적 열역학 특성치중에서 가장 유용한 함수는 Gibbs 자유에너지이다. 따라서 (2.7.6)식을 G에 대해서 적용해 보면 다음의 (2.7.7)식을 얻는다.

$$\Delta G = \Delta G^{id} + G^{ex} = RT\sum_i x_i \ln x_i + G^{ex} \tag{2.7.7}$$

(2.7.7)식에서 보아도 알 수 있듯이 ΔG^{id}은 이론적으로 계산할 수 있다. 따라서 우리의 목적은 ΔG 또는 G^{ex}를 실험 데이터와 잘 일치하도록 온도와 압력 조성 및 매개변수의 함수로 표현하는 작업이다.

$$G^{ex} = G - G^{id} = \sum_i x_i\left(\overline{G}_i - \overline{G}_i^{id}\right) = \sum_i x_i\left[\left(\overline{G}_i - G_i^0\right) - \left(\overline{G}_i^{id} - G_i^0\right)\right] \tag{2.7.8}$$

여기에서, G_i^0는 표준상태에서 'i'성분의 Gibbs 자유에너지이다.

실제용액의 경우에 다음과 같이 쓸 수 있다.

$$\overline{G}_i - G_i^0 = RT\ln\frac{\hat{f}_i}{f_i^0} \tag{2.7.9}$$

여기에서 $\hat{f}_i$는 혼합물 중의 i성분에 대한 퓨개시티를 나타내고, f_i^0는 순수성분 'i'에 대한 표준상태에서의 퓨개시티를 나타낸다.

또한 이상용액의 경우에는 위의 (2.7.9)식은 다음과 같이 표현된다.

$$\overline{G}_i^{id} - G_i^0 = RT\ln\frac{x_i P}{f_i^0} \tag{2.7.10}$$

또한 위의 (2.7.9)식에서 이상용액의 경우에 $f_i^0 = P$와 같다고 놓을 수 있다. 위의 (2.7.9)식에서 (2.7.10)식을 빼면 다음을 얻는다.

$$\overline{G}_i - \overline{G}_i^{id} = RT\ln\frac{\hat{f}_i}{x_i f_i^0} \qquad (2.7.11)$$

그런데 (2.7.11)식의 우변에서 혼합물 중의 i성분의 활동도는 다음과 같이 정의할 수 있다.

$$\hat{a}_i = \frac{\hat{f}_i}{f_i^0} \qquad (2.7.12)$$

또한 활동도계수 γ_i는 다음과 같이 정의된다.

$$\gamma_i = \frac{\hat{a}_i}{x_i} = \frac{\hat{f}_i}{x_i f_i^0} \qquad (2.7.13)$$

따라서 (2.7.11)식과 (2.7.13)식을 원식인 (2.7.8)식에 대입하면 다음을 얻는다.

$$\frac{G^{ex}}{RT} = \sum_i (x_i \ln\gamma_i) \qquad (2.7.14)$$

우리가 용액 열역학에서 주로 시행하는 작업은 실험을 통해서 G^{ex}에 대한 모델식의 매개변수를 결정한 다음에 이로부터 활동도계수인 γ_i에 대한 수학적인 표현식을 얻어내는 일이므로 G^{ex}와 γ_i의 관계식을 구하면 매우 유용하다. 위의 (2.7.14)식에서

$$\frac{G^{ex}}{RT}=\frac{G-G^{id}}{RT}=\frac{\sum_i x_i\overline{G}_i-\sum_i x_i\overline{G}_i^{id}}{RT}=\frac{\sum_i x_i\left(\overline{G}_i-\overline{G}_i^{id}\right)}{RT}$$

$$=\frac{\sum_i x_i\left[\left(\overline{G}_i-G_i^0\right)-\left(\overline{G}_i^{id}-G_i^0\right)\right]}{RT}=\frac{\sum_i x_i\overline{G}_i^{ex}}{RT} \tag{2.7.15}$$

위의 (2.7.15)식에서

$$\frac{\overline{G}_i^{ex}}{RT}=\frac{\left(\overline{G}_i-G_i^0\right)}{RT}-\frac{\left(\overline{G}_i^{id}-G_i^0\right)}{RT}=\ln\frac{\hat{f}_i}{f_i^0}-\ln x_i=\ln\frac{\hat{f}_i}{x_i f_i^0}=\ln\gamma_i \tag{2.7.16}$$

$$\ln\gamma_i=\frac{\overline{G}_i^{ex}}{RT} \tag{2.7.17}$$

또한 부분몰량의 정의에 의하면 다음식이 성립한다.

$$\overline{G}_i^{ex}=\left[\frac{\partial\left(nG^{ex}\right)}{\partial n_i}\right]_{T,P,n_{j\neq i}} \tag{2.7.18}$$

위의 (2.7.18)식과 (2.7.19)식을 연립하면 최종적으로 다음을 얻는다.

$$\ln\gamma_i=\left[\frac{\partial\left(nG^{ex}/RT\right)}{\partial n_i}\right]_{T,P,n_{j\neq i}} \tag{2.7.19}$$

2.8 엔탈피의 계산

화학공정 계산에 있어서 엔탈피의 계산은 K-value 계산 다음으로 중요하다. 엔탈피는 화학공정의 열 수지를 수립하는데 이용되어질 뿐만 아니라 증류탑의 응축기와 재비기의 용량의 결정과 같이 주로 열교환기의 열량을 계산하는데 사용된다. 이제 상태방정식이 주어져 있고 이상기체의 열용량이 알려져 있는 경우에 엔탈피를 계산할 수 있는 수식의 유도과정을 살펴보기로 하자.

내부에너지의 전미분을 온도와 부피의 함수로 표현하기 위해서 열역학 제 1법칙과 2법칙의 연합식인 (2.8.1)식을 쓰면 다음과 같다.

$$dU = TdS - PdV \tag{2.8.1}$$

위의 식 중에서 엔트로피에 대한 전미분 표현식을 구하기 위해서 먼저 엔트로피를 온도와 부피의 함수로 놓으면 다음과 같다.

$$dS = \left(\frac{\partial S}{\partial T}\right)_V dT + \left(\frac{\partial S}{\partial V}\right)_T dV \tag{2.8.2}$$

윗 식에서 $\left(\frac{\partial S}{\partial V}\right)_T$를 구하기 위해 Maxwell 관계식 중의 하나인 다음의 (2.8.3)식을 사용하면,

$$\left(\frac{\partial S}{\partial V}\right)_T = \left(\frac{\partial P}{\partial T}\right)_V \tag{2.8.3}$$

를 얻는다. 그리고, $\left(\frac{\partial S}{\partial T}\right)_V$는 Maxwell 관계식에 없으므로 이를 다음과 같이 변형시킨다.

$$\left(\frac{\partial S}{\partial T}\right)_V = \left(\frac{\partial S}{\partial U}\right)_V \left(\frac{\partial U}{\partial T}\right)_V = \left(\frac{\partial U}{\partial T}\right)_V \left(\frac{\partial U}{\partial S}\right)_V^{-1} = \frac{\left(\frac{\partial U}{\partial T}\right)_V}{\left(\frac{\partial U}{\partial S}\right)_V} \tag{2.8.4}$$

그런데 (2.8.4)식에서 $\left(\frac{\partial U}{\partial T}\right)_V = C_V$이고, 열역학 관계식에 의해서 $\left(\frac{\partial U}{\partial S}\right)_V = T$가

성립한다. 그래서 (2.8.4)식은 다음과 같아진다.

$$\left(\frac{\partial S}{\partial T}\right)_V = \frac{C_V}{T} \tag{2.8.5}$$

그러므로, (2.8.2)식을 다시 쓰면 다음과 같다.

$$dS = \frac{C_V}{T}dT + \left(\frac{\partial P}{\partial T}\right)_V dV \tag{2.8.6}$$

위의 (2.8.6)식은 엔트로피를 T와 V의 함수로 표현한 것이다. 이제 이 식을 원식인 (2.8.1)식에 대입하면

$$\begin{aligned} dU &= TdS - PdV \\ &= T\left[\frac{C_V}{T}dT + \left(\frac{\partial P}{\partial T}\right)_V dV\right] - PdV \\ &= C_V dT + \left[T\left(\frac{\partial P}{\partial T}\right)_V - P\right]dV \end{aligned} \tag{2.8.8}$$

이 된다. 위의 (2.8.7)식은 내부에너지를 T와 V의 함수로 표현한 것이다.

이제 마찬가지 방법으로 엔탈피 변화를 구하기 위해 다음 식을 기본으로 출발한다.

$$dH = TdS + VdP \tag{2.8.8}$$

위의 식 중에서 엔트로피에 대한 전미분 표현식을 구하기 위해서 먼저 엔트로피를 온도와 압력의 함수로 놓으면 다음과 같다.

$$dS = \left(\frac{\partial S}{\partial T}\right)_P dT + \left(\frac{\partial S}{\partial P}\right)_T dP \tag{2.8.9}$$

윗식에서 $\left(\frac{\partial S}{\partial P}\right)_T$를 구하기 위해 Maxwell 관계식 중의 하나를 사용하면,

$$\left(\frac{\partial S}{\partial P}\right)_T = -\left(\frac{\partial V}{\partial T}\right)_P \tag{2.8.10}$$

를 얻는다. 그리고, $\left(\frac{\partial S}{\partial T}\right)_P$를 구하기 위해서 다음과 같이 변형시킨다.

$$\left(\frac{\partial S}{\partial T}\right)_P = \left(\frac{\partial S}{\partial H}\right)_P \left(\frac{\partial H}{\partial T}\right)_P = \left(\frac{\partial H}{\partial T}\right)_P \left(\frac{\partial H}{\partial S}\right)_P^{-1} = \frac{\left(\frac{\partial H}{\partial T}\right)_P}{\left(\frac{\partial H}{\partial S}\right)_P} \tag{2.8.11}$$

그런데 (2.8.11)식에서 $\left(\frac{\partial H}{\partial T}\right)_P = C_P$이고, 열역학 관계식인 (2.8.10)식에 의해서 $\left(\frac{\partial H}{\partial S}\right)_P = T$가 성립한다. 그래서 (2.8.11)식은 다음과 같아진다.

$$\left(\frac{\partial S}{\partial T}\right)_P = \frac{C_P}{T} \tag{2.8.12}$$

그러므로, (2.8.2)식은 다시 쓰면 다음과 같다.

$$dS = \frac{C_P}{T}dT - \left(\frac{\partial V}{\partial P}\right)_T dP \tag{2.8.13}$$

위의 (2.8.13)식은 엔트로피를 T와 P의 함수로 표현한 것이다. 이제 이 식을 원식인 (2.8.8)식에 대입하면

$$\begin{aligned} dH &= TdS + VdP \\ &= T\left[\frac{C_P}{T}dT - \left(\frac{\partial V}{\partial T}\right)_P dP\right] + VdP \\ &= C_P dT + \left[V - \left(\frac{\partial V}{\partial T}\right)_P\right] dP \end{aligned} \tag{2.8.14}$$

이 된다. 위의 (2.8.14)식은 엔탈피를 T와 P의 함수로 표현한 것이다.

예제 2.8.1

Enthalpy change resulting from changes in temperature and pressure when the equation of state and the heat capacity in the ideal gas state are known

풀이

처음 상태 (T_1, P_1, H_1)에서 (T_2, P_2, H_2)까지 상태 변화하는 과정은 다음 그림과 같이 나타낼 수 있다. 그런데, 엔탈피 변화는 상태함수이므로 적분경로와 무관하다. 따라서 적분경로를 계산하기 쉽게 하기 위하여 일정한 온도 T_1에서 0의 압력까지 등온 팽창한 후, 0의 압력에서 T_2까지 가열하고 그 후에 최종압력 P_2까지 등온 압축하는 경로를 택한다.

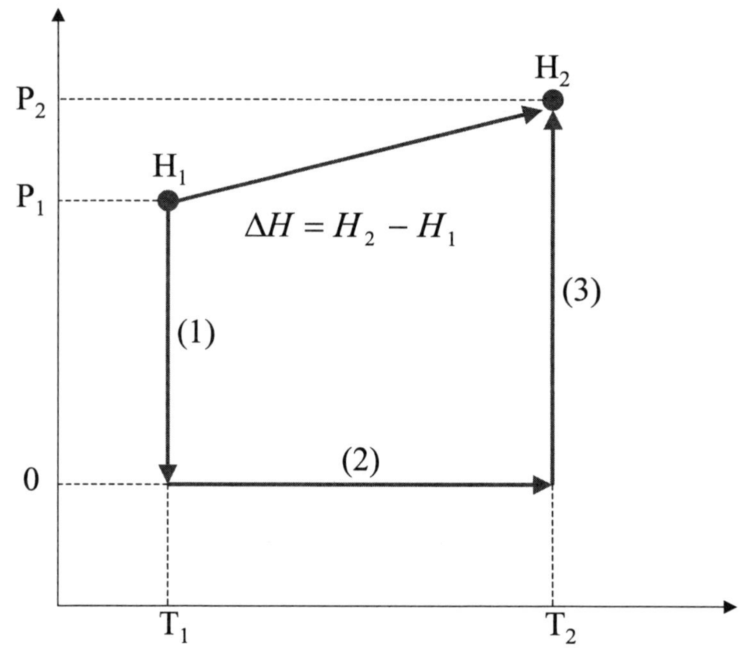

[그림 2.8.1] Enthalpy change as functions of T & P

원식은 앞서 유도한 (2.8.1)식으로부터 출발한다.

$$dH = C_P dT + \left[V - \left(\frac{\partial V}{\partial T} \right)_P \right] dP \qquad (2.8.14)$$

위의 식을 이용해서 엔탈피 변화를 계산하면 다음과 같이 변형할 수 있다.

$$\Delta H = H_2 - H_1 = \int_{P_1}^{0}\left[V - \left(\frac{\partial V}{\partial T}\right)_P\right]_{@T_1} dP + \int_{T_1}^{T_2} C_P^{id} dT + \int_{0}^{P_2}\left[V - \left(\frac{\partial V}{\partial T}\right)_P\right]_{@T_2} dP$$

그런데 대부분의 상태방정식은 압력에 대해 양함수이므로, 다음 식에서 새로이 출발한다.

$$\begin{aligned} dH &= d(PV) + dU \\ &= d(PV) + C_V dT + \left[T\left(\frac{\partial P}{\partial T}\right)_V - P\right] dV \end{aligned}$$

이 식을 적분하면 다음을 얻는다.

$$\begin{aligned} \Delta H = H_2 - H_1 &= P_2 V_2 - P_1 V_1 + \int_{T_1}^{T_2} \left(C_P^{id} - R\right) dT \\ &+ \int_{V1}^{\infty}\left[T\left(\frac{\partial P}{\partial T}\right)_V - P\right]_{@T_1} dV + \int_{\infty}^{V_2}\left[T\left(\frac{\partial P}{\partial T}\right)_V - P\right]_{@T_2} dV \end{aligned}$$

그리고 위의 식을 T, V 평면상에 표현하면 다음과 같아진다. 위의 식은 상태방정식이 압력에 대해 양함수로 주어지고 이상기체의 열용량이 온도의 함수로 주어지면 초기조건과 최종조건이 주어졌을 때 엔탈피 변화를 구할 수 있다.

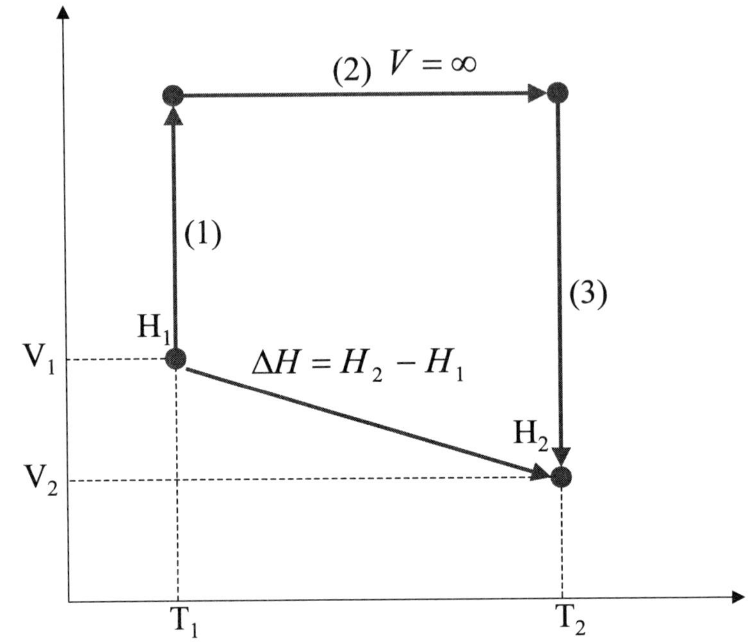

[그림 2.8.2] Enthalpy change as functions of T & V

위에 주어진 식으로부터 우리는 이상기체의 열용량과 상태방정식이 주어지면 실제유체의 엔탈피 변화를 계산할 수 있다. 뒤의 예제를 통해서 우리는 Peng-Robinson 상태방정식에 적용한 실제유체의 엔탈피 변화를 단일상 내에서 또는 상변화과정을 수반한 경우에 대해서 계산하게 될 것이다.

2.9 밀도의 계산

밀도 또는 몰당 부피의 계산은 증기상, 액상 또는 포화 액과 포화 증기상이 공존하는 경우에 대하여 적용할 수 있다. 이 중에서 증기상의 밀도 또는 몰당 부피의 계산은 압력이 낮은 경우에는 이상기체 상태방정식을 이용하여 계산할 수 있지만 대부분의 경우에 비이상성을 고려하여야 하므로 모든 상태방정식을 이용하여 계산할 수 있다. SRK나 PR 등과 같은 2개의 매개변수를 갖는 삼차형 상태방정식 모델식은 기상의 밀도 계산은 대체로 정확하기 때문에 사용할 수 있다. 하지만, 액상의 밀도 계산에 있어서는 비록 탄화수소 계열이라 하더라도 정확성이 매우 떨어진다. SRK나 PR식을 이용하여 액상의 밀도를 계산할 경우에는 비록 탄화수소 계열이라 하더라도 약 15% 가량의 오차가 생긴다. 메탄이나 에탄의 액상의 밀도 계산의 경우에는 SRK 상태방정식이 PR보다 좀 더 우수하고 펜탄에서 옥탄까지는 PR식이 SRK 식보다 좀 더 우수한 결과를 나타낸다. 하지만 C9 이상의 경우에는 둘 다 정확성이 떨어진다. 이러한 이유 때문에 PRO/II에서는 PR식이나 SRK식을 선정한다 하더라도 액상의 밀도는 API 모델식을 이용해서 계산하도록 되어 있다. TBCC (Two-Bluck-Cunningham-Coon)와 같은 3개의 매개변수를 가지는 삼차형 상태방정식을 이용하면 액상의 밀도 추산의 정확성이 좀 더 개선된다. 실험 데이터와 약 4% 정도의 오차가 발생하는데 이는 API 모델식보다 정확성이 약간 떨어지는 정도이다. 하지만 이 모델식은 아직 PRO/II에는 내장되어 있지 않다. 그 이유는 3개의 매개변수를 가지는 삼차형 상태방정식 모델이 액상의 밀도 계산에 있어서는 PR식이나 SRK식보다 우수한 결과를 나타내기는 하지만 혼합물의 상평형 추산에 있어서는 개선된 결과를 보여주지 못하기 때문이다. 왜냐하면 화학공정의 계산에 있어서 중요한 인자는 액상의 밀도 계산이 아니라 상평형이기 때문이다. 삼차형 상태방정식이 아닌 경우에 있어서는 예컨대 BWRS식은 기상과 액상에 대하여 상당한 정확성을 가지고 사용할 수 있다. 실험 데이터와의 오차는 단지 관심이 되는 성분에 대한 매개변수를 회귀 분석하여 결정한 값에만 의존한다. 또한 LK(Lee-Kesler) 식도 마찬가지로 기상과 액상의 밀도 계산에 있어서 특히 탄화수소 계열에 대하여 상당히 정확한 결과를 낸다. 탄소수가 1개에서 10까까지 적용할 수 있다. 하지만 탄소수가 그 이상 넘어가면 정확성은 점차적으로 떨어진다. 따라서 액상의 밀도 추산에 있어서는 API 모델식이나 Rackett 모델식이 주로 사용되고 있다.

2.9.1 Redlich-Kwong 식을 이용한 기체의 밀도계산

기체의 밀도 계산은 모든 상태방정식을 이용하여 계산 가능하다고 했으므로 여기에서는 Redlich-Kwong식을 이용해서 증기의 몰당 부피를 계산하는 과정을 예제를 통해서 소개해 보도록 하겠다. 누구나 일반적인 심차형 상태방정식의 세근을 본 장에서 소개한 삼차방정식의 근의 공식을 이용하여 쉽게 구할 수 있지만 실제적으로는 반복과정에 의한 풀이가 단연 일반적이다. 특정해에 대한 풀이에 적합한 형태로 식이 구성되었을 때 수렴문제는 거의 피할 수 있다. 기체의 몰당 부피를 구하기 위해서 원식인 Redlich-Kwong식의 각 항에 $\frac{V-b}{P}$를 곱하면 다음 식을 얻는다.

$$V-b=\frac{RT}{P}-\frac{a(V-b)}{T^{1/2}PV(V+b)} \tag{2.9.1}$$

윗 식을 반복계산을 위해서 다시 다음과 같이 표현한다.

$$V_{i+1}=\frac{RT}{P}+b-\frac{a(V_i-b)}{T^{1/2}PV_i(V_i+b)} \tag{2.9.2}$$

이상기체 상태방정식을 사용하여 부피에 대한 초기치를 다음과 같이 정한다. 즉, $V_0=\frac{RT}{P}$.

<u>예제 2.9.1</u>

60℃에서 염화메틸의 증기압은 13.76bar로 주어져 있다. Redlich-Kwong 상태방정식을 이용하여 이 조건에서 포화증기의 몰 부피를 계산하여라.

[Data]

R = 83.14cm3bar-mol-1K-1, Tc = 416.3K, Pc = 66.80 bar

풀이

우선 주어진 데이터로부터 Redlich-Kwong식에 대한 a와 b를 구하면 다음과 같다.

$a=0.427480\frac{R^2T_c^{2.5}}{P_c}=\frac{(0.42748)(83.14)^2(416.3)^{2.5}}{66.80}=1.5641\times10^8$c m 6 b a r

mol-2K1/2

그리고, $b = 0.086640\dfrac{RT_c}{P_c} = \dfrac{(0.08664)(83.14)(416.3)}{66.80} = 44.891\text{cm3 mol}-1$

포화증기의 몰부피를 계산하기 위해서 (2.9.2)식을 이용하면 다음과 같다.

$$V_{i+1} = 2{,}057.83 - \frac{622{,}768}{V_i}\left(\frac{V_i - 44.891}{V_i + 44.891}\right)$$

초기치로써, $V_i = V_0 = \dfrac{RT}{P} \cong 2{,}013\text{cm3 mol}-1$에서 시작하여 수렴 값을 얻을 때까지 반복계산을 계속한다.

[표 2.9.1] Redlich-Kwong식의 증기부피의 반복계산 테이블

i	V_i	V_{i+1}-V_i
0	2,013.0	-
1	1,762.0	-251.0
2	1,721.9	-40.0
3	1,714.5	-7.4
4	1,713.1	-1.4
5	1,712.9	-0.3
6	1,712.8	-0.1
7	1,712.8	0.0

최종 값은, $V = 1{,}712.8\text{cm3mol}-1$이다. 또한 실험에 의한 결과는 1,635.6cm3mol−1이다.

2.9.2 Redlich-Kwong 식을 이용한 액체의 밀도계산

액체의 몰당 부피를 구하는 식을 이끌어 내기 위해서 Redlich-Kwong식의 유도과정 중에 다음의 (2.9.3)식을 이용한다.

$$V^3 - \frac{RT}{P}V^2 + \left(b^2 + \frac{bRT}{P} - \frac{a}{PT^{0.5}}\right)V - \frac{ab}{PT^{0.5}} = 0 \qquad (2.9.3)$$

위의 식의 세 번째 항에 부피에 관한 표현식이 있으므로 이를 정리하면 다음을 얻는다.

$$V = \frac{1}{c}\left(V^3 - \frac{RT}{P}V^2 - \frac{ab}{PT^{0.5}}\right) \qquad (2.9.4)$$

여기에서 c는 다음과 같다.

$$c = b^2 + \frac{bRT}{P} - \frac{a}{PT^{0.5}} \qquad (2.9.5)$$

반복계산을 위해서 편리한 형태로 다음과 같이 표현한다.

$$V_{i+1} = \frac{1}{c}\left(V_i^3 - \frac{RT}{P}V_i^2 - \frac{ab}{PT^{0.5}}\right) \qquad (2.9.6)$$

초기 값으로는 액체의 몰당 부피에 해당하는 $V_0 = b$를 이용한다.

예제 2.9.2

60℃에서 염화메틸의 증기압은 13.76bar로 주어져 있다. Redlich-Kwong 상태방정식을 이용하여 이 조건에서 포화 액의 몰 부피를 계산하여라.

풀이

포화액체의 몰부피를 계산하기 위해서 알고 있는 값들을 다음의 (2.9.5)식과 (2.9.6)식을 연립하여 반복계산해서 수렴할 때 값을 포화 액의 부피로 구한다.

$$c = -530{,}390 \text{과} \quad V_{i+1} = \frac{V_i^3 - 2{,}012.94\,V_i^2 - 2.79567 \times 10^7}{-530{,}390}$$

초기 값으로는 액체의 몰당 부피에 해당하는 $V_0 = b \cong 44.891$cm3 mol−1을 이용한다.

[표 2.9.2] Redlich−Kwong식의 포화액체의 부피의 반복계산 테이블

i	V_i	V_{i+1}-V_i
0	44.89	-
1	60.19	15.3
2	66.05	5.86
3	68.72	2.68
4	70.02	1.3
5	70.67	0.65
6	71.00	0.33
7	71.17	0.17
8	71.25	0.09
9	71.30	0.04
10	71.32	0.02
11	71.33	0.01
12	71.33	0.01
13	71.34	0.00

최종 값은, $V = 71.34$cm3 mol−1이다. 또한 실험에 의한 결과는 60.37cm3 mol−1이다.

2.10 SRK 상태방정식에 적용한 혼합물 중의 'i' 성분의 퓨개시티 계수 표현식의 유도

원식은 다음과 같다.

$$\ln\hat{\phi}_i = -\ln Z - \int_{\infty}^{v}\left[\left(\frac{\partial(nZ)}{\partial n_i}\right)_{T,V,n_{j\neq i}} - 1\right]\frac{dV}{V} \tag{2.10.1}$$

Soave-Redlich-Kwong 상태방정식은 다음과 같다.

$$P = \frac{RT}{v-b} - \frac{a}{v(v+b)} \tag{2.10.2}$$

(2.10.2)식의 양변에 $\frac{v}{RT}$을 곱하면 다음을 얻는다.

$$Z = \frac{v}{v-b} - \frac{a/RT}{(v+b)} \tag{2.10.3}$$

그런데 여기에서 매개변수 a와 b는 다음과 같다.

순수 성분에 대해서:

$$b = 0.08664\frac{RT_c}{P_c} \tag{2.10.4}$$

$$a = a(T_c)\cdot\alpha(T_r,\omega) \tag{2.10.5}$$

$$a(T_c) = 0.42748\frac{R^2T_c^2}{P_c} \tag{2.10.6}$$

$$\alpha = \left[1+\beta(1-T_r^{0.5})\right]^2 \tag{2.10.7}$$

$$T_r = T/T_c \tag{2.10.8}$$

$$\beta = 0.480 + 1.574\omega - 0.176\omega^2 \tag{2.10.9}$$

혼합물에 대해서:

$$b = \sum_i \sum_j x_i x_j b_{ij} \tag{2.10.10}$$

$$a = \sum_i \sum_j x_i x_j a_{ij} \tag{2.10.11}$$

$$b_{ij} = \frac{1}{2}(b_{ii} + b_{jj})(1 - c_{ij}) \tag{2.10.12}$$

$$a_{ij} = \sqrt{a_i a_j}(1 - k_{ij}) \tag{2.10.13}$$

원식 (2.10.1)의 표현식에서 nZ가 있으므로 이를 Soave–Redlich–Kwong식에 적용하기 위해 (2.10.3)식의 양변에 n을 곱한다.

$$nZ = \frac{V}{v-b} - \frac{na/RT}{(v+b)} \tag{2.10.14}$$

여기에서 $V=nv$이다. 또한, (2.10.14)식의 우변의 각 항의 분자와 분모 항에 몰수 n을 곱하면 다음을 얻는다.

$$nZ = \frac{nV}{V-nb} - \frac{n^2a/RT}{(V+nb)} \tag{2.10.15}$$

편의상 하첨자, $T, V, n_{j \neq i}$를 생략한다.

$$\frac{\partial(nZ)}{\partial n_i} = \frac{V(V-nb) + nV\dfrac{\partial(nb)}{n_i}}{(V-nb)^2}$$

$$-\frac{\dfrac{1}{RT}\dfrac{\partial(n^2a)}{\partial n_i}(V+nb) - \dfrac{n^2a}{RT}\dfrac{\partial(nb)}{\partial n_i}}{(V+nb)^2} \qquad (2.10.16)$$

위의 (2.10.16)식으로부터 원식의 적분기호 안의 식을 구하면 다음과 같다.

$$\frac{\partial(nZ)}{\partial n_i} - 1 = \frac{nbV - (nb)^2 + nV\dfrac{\partial(nb)}{\partial n_i}}{(V-nb)^2} - \frac{\dfrac{1}{RT}\dfrac{\partial(n^2a)}{\partial n_i}}{(V-nb)} + \frac{\dfrac{n^2a}{RT}\dfrac{\partial(nb)}{\partial n_i}}{(V+nb)^2} \qquad (2.10.17)$$

여기에서

$$b = \sum_i x_i b_i = \frac{1}{n^2}\sum_i\sum_j n_i n_j b_{ij} \qquad (2.10.18)$$

$$nb = \frac{1}{n}\sum_i\sum_j n_i n_j b_{ij} \qquad (2.10.19)$$

$$\begin{aligned}\sum_i\sum_j n_i n_j b_{ij} &= n_1 n_1 b_{11} + n_1 n_2 b_{12} + ... + n_1 n_i b_{1i} + ... \\ &+ n_2 n_1 b_{21} + n_2 n_2 b_{22} + ... + n_2 n_i b_{1i} + ... \\ &+ ...... \\ &+ n_i n_{1_{i1}} + n_i n_2 b_{i2} + ... + n_i n_i b_{ii} + ... \\ &+ \;...... \end{aligned} \qquad (2.10.20)$$

$$\frac{\partial(nb)}{\partial n_i} = \frac{\partial}{\partial n_i}\left[\frac{1}{n}\sum_i\sum_j n_i n_j b_{ij}\right]$$

$$= -\frac{1}{n^2}\sum_i\sum_j n_i n_j b_{ij} + \frac{1}{n}\frac{\partial}{\partial n_i}\sum_i\sum_j n_i n_j b_{ij} \qquad (2.10.21)$$

위의 (2.10.21)식에서 괄호 안의 미분을 다시 쓰면 다음과 같다.

$$\frac{\partial}{\partial n_i}\sum_i\sum_j n_i n_j b_{ij} = \frac{\partial(n_1 n_i b_{1i})}{\partial n_i} + \frac{\partial(n_2 n_i b_{2i})}{\partial n_i} + ... + \frac{\partial(n_i n_i b_{ii})}{\partial n_i} + ...$$

$$+ \frac{\partial(n_i n_1 b_{i1})}{\partial n_i} + ... + \frac{\partial(n_i n_2 b_{i2})}{\partial n_i} + ... \qquad (2.10.22)$$

위의 (2.10.22)식을 더욱 정리하면 다음을 얻는다.

$$\frac{\partial}{\partial n_i}\sum_i\sum_j n_i n_j b_{ij} = n_1 b_{1i} + n_2 b_{2i} + ... + 2n_i b_{ii}(= n_i b_{ii} + n_i b_{ii}) + ...$$

$$+ n_1 b_{i1} + n_2 b_{i2} + ...$$

$$= \sum_l n_l b_{li} + \sum_l n_l b_{il} \qquad (2.10.23)$$

그런데, $b_{il} = b_{li}$라 놓을 수 있다. (One fluid mixing rule) 또한 (2.10.23)식은 다음과 같이 단순화시킬 수 있다.

$$\frac{\partial(nb)}{\partial n_i} = -b + 2\overline{b_i} \qquad (2.10.24)$$

여기에서 $\overline{b_i} = \sum_l x_l b_{li}$이다.

또한 a에 대해서도 마찬가지 방법을 적용시켜 보자.

$$a = \sum_i x_i x_j a_{ij} = \frac{1}{n^2} \sum_i n_i n_j a_{ij} \tag{2.10.25}$$

$$n^2 a = \sum_i n_i n_j a_{ij} \tag{2.10.26}$$

$$\begin{aligned}
\sum_i \sum_j n_i n_j a_{ij} = n_1 n_1 a_{11} + n_1 n_2 a_{12} + ... + n_1 n_i a_{1i} + ... \\
+ n_2 n_1 a_{21} + n_2 n_2 a_{22} + ... + n_2 n_i a_{1i} + ... \\
+ ...... \\
+ n_i n_1 a_{i1} + n_i n_2 a_{i2} + ... + n_i n_i a_{ii} + ... \\
+ ......
\end{aligned} \tag{2.10.27}$$

위의 (2.10.27)식을 미분하면 다음을 얻는다.

$$\begin{aligned}
\frac{\partial(n^2 a)}{\partial n_i} = \frac{\partial(n_1 n_i a_{1i})}{\partial n_i} + \frac{\partial(n_2 n_i a_{2i})}{\partial n_i} + ... + \frac{\partial(n_i n_i a_{ii})}{\partial n_i} + \\
+ \frac{\partial(n_i n_1 a_{i1})}{\partial n_i} + \frac{\partial(n_i n_2 a_{i2})}{\partial n_i} + ...
\end{aligned} \tag{2.10.28}$$

위의 (2.10.28)식을 다시 정리하면 다음을 얻는다.

$$\begin{aligned}
\frac{\partial(n^2 a)}{\partial n_i} &= n_1 a_{1i} + n_2 a_{2i} + ... + 2 n_i a_{ii} (= n_i a_{ii} + n_i a_{ii}) \\
&= n_1 a_{i1} + n_2 a_{2i} + ...
\end{aligned} \tag{2.10.29}$$

위의 (2.10.29)식은 다음과 같이 일반화할 수 있다.

$$\frac{\partial(n^2 a)}{\partial n_i} = \sum_{l=1}^{N} n_l a_{li} + \sum_{l=1}^{N} n_l a_{il} \tag{2.10.30}$$

여기에서 $a_{il} = a_{li}$이다. (One fluid mixing rule) 그러면 위의 (2.10.30)식은 다음과 같이 된다.

$$\frac{\partial(n^2a)}{\partial n_i} = 2\sum_{l=1}^{N} n_l a_{il} = 2n\sum_{l=1}^{N} x_l a_{il} = 2n\overline{a_i} \tag{2.10.31}$$

where: $\overline{a_i} = \sum_{l=1}^{N} x_l a_{il}$로 정의한다.

앞에서 유도한 식을 (2.10.24)식에 적용하면 다음을 얻는다.

위의 (2.10.17)식에 (2.10.24)식과 (2.10.31)식을 대입해서 정리하면 다음을 얻는다.

$$\frac{\partial(nZ)}{\partial n_i} - 1 = \frac{nbV - (nb)^2 + nV(-b + 2\overline{b_i})}{(V-nb)^2}$$

$$-\frac{2n\overline{a_i}/RT}{(V-nb)} + \frac{n^2a/RT(2\overline{b_i} - b)}{(V+nb)^2} \tag{2.10.32}$$

위의 (2.10.32)식을 다시 정리하면 다음을 얻는다.

$$\frac{\partial(nZ)}{\partial n_i} - 1 = \frac{2n\overline{b_i}V}{(V-nb)^2} - \frac{(nb)^2}{(V-nb)^2}$$

$$-\frac{2n\overline{a_i}/RT}{(V+nb)} + \frac{n^2a/RT(2\overline{b_i} - b)}{(V+nb)^2} \tag{2.10.33}$$

원식에서 $\left[\frac{\partial(nZ)}{\partial n_i} - 1\right]\frac{1}{V}$을 구하기 위해 (2.10.33)식의 양변에 $\frac{1}{V}$를 곱하면 다음을 얻는다.

$$\left[\frac{\partial(nZ)}{\partial n_i} - 1\right]\frac{1}{V} = \frac{2n\overline{b_i}}{(V-nb)^2} - \frac{(nb)^2}{\mathrm{V}(V-nb)^2} - \frac{2n\overline{a_i}/RT}{V(V+nb)}$$

$$+\frac{n^2a/RT(2\overline{b}_i-b)}{V(V+nb)^2} \tag{2.10.34}$$

적분 테이블로부터 다음을 얻는다.

$$\int \frac{dx}{x(a+bx)}=-\frac{1}{a}ln\left(\frac{a+bx}{x}\right) \tag{2.10.35}$$

$$\int \frac{dx}{x(a+bx)^2}=\frac{1}{a(a+bx)}-\frac{1}{a^2}ln\frac{a+bx}{x} \tag{2.10.36}$$

$\int_{\infty}^{V}\left[\frac{\partial(nZ)}{\partial n_i}-1\right]\frac{dV}{V}$를 구하기 위해서 (2.10.34)식의 우변을 각 항마다 적분해 보자.

$$\cdot \int_{\infty}^{V}\frac{2n\overline{b}_i}{(V-nb)^2}dV=-\frac{2n\overline{b}_i}{V-nb}\Bigg|_{\infty}^{V}=-\frac{2n\overline{b}_i}{V-nb}=-\frac{2\overline{b}_i}{v-b} \tag{2.10.37}$$

$$\cdot \int_{\infty}^{V}\frac{(nb)^2}{V(V-nb)^2}dV=(nb)^2\left[\frac{1}{-nb(V-nb)}-\frac{1}{(-nb)^2}ln\left(\frac{V-nb}{V}\right)\right]\Bigg|_{\infty}^{V}$$

$$=-\frac{b}{v-b}-\ln\left(\frac{v-b}{v}\right) \tag{2.10.38}$$

$$\cdot \int_{\infty}^{V}\frac{2n\overline{a}_i/RT}{V(V+nb)}dV=-\left(\frac{2n\overline{a}_i}{RT}\right)\left(\frac{1}{nb}\right)\ln\left(\frac{V+nb}{V}\right)=-\frac{2\overline{a}_i}{bRT}ln\left(\frac{v+b}{v}\right) \tag{2.10.39}$$

$$\cdot \int_{\infty}^{V}\frac{\frac{n^2a}{RT}(2\overline{b}_i-b)}{V(V+nb)^2}dV=\frac{\frac{n^2a}{RT}(2\overline{b}_i-b)}{(nb)(V+nb)}-\frac{\frac{n^2a}{RT}(2\overline{b}_i-b)}{(nb)^2}ln\left(\frac{V+nb}{V}\right)$$

$$= \frac{a}{bRT}\frac{(2\overline{b}_i - b)}{(v+b)} - \frac{a(2\overline{b}_i - b)}{b^2RT} ln\left(\frac{v+b}{v}\right) \qquad (2.10.40)$$

(2.10.34)식을 원식에 대입해서 다시 쓰면 다음과 같다.

$$\ln\hat{\phi}_i = -\ln Z - \int_\infty^V \left[\frac{\partial(nZ)}{\partial n_i} - 1\right]\frac{dV}{V}$$

$$= -\ln Z - \int_\infty^V \frac{2n\overline{b}_i}{(V-nb)^2}dV + \int_\infty^V \frac{(nb)^2}{V(V-nb)^2}dV$$

$$+ \int_\infty^V \frac{2n\overline{a}_i/RT}{V(V+nb)}dV - \int_\infty^V \frac{n^2a/RT(2\overline{b}_i - b)}{V(V+nb)^2}dV \qquad (2.10.41)$$

앞서 유도한 (2.10.37), (2.10.38), (2.10.39), (2.10.40)식들을 원식에 대입하면 다음을 얻는다.

$$\ln\hat{\phi}_i = -\ln Z + \frac{2\overline{b}_i}{v-b} - \frac{b}{v-b} - \ln\frac{v-b}{v} + \frac{2\overline{a}_i}{bRT} ln\left(\frac{v+b}{v}\right)$$

$$- \frac{a}{bRT}\frac{(2\overline{b}_i - b)}{(v+b)} + \frac{a(2\overline{b}_i - b)}{b^2RT} ln\left(\frac{v+b}{v}\right) \qquad (2.10.42)$$

위의 (2.10.42)내의 우변의 항들을 다음과 같이 정리해 보자.

$$-\ln Z - \ln\frac{v-b}{v} = -\ln\left(\frac{Pv}{RT} \cdot \frac{v-b}{v}\right) = -\ln\frac{P(v-b)}{RT} \qquad (2.10.43)$$

$$\frac{2\overline{b}_i}{v-b} - \frac{b}{v-b} - \frac{a}{bRT}\frac{(2\overline{b}_i - b)}{(v+b)} = \frac{2\overline{b}_i - b}{v-b} - \frac{a}{bRT}\frac{(2\overline{b}_i - b)}{(v+b)}$$

$$= \frac{2\overline{b}_i - b}{b}\left(\frac{b}{v-b} - \frac{a/RT}{v+b}\right) = \frac{2\overline{b}_i - b}{b}(Z-1) \qquad (2.10.44)$$

$$\frac{2\overline{a_i}}{bRT} ln\left(\frac{v+b}{v}\right) + \frac{a(2\overline{b_i}-b)}{b^2RT} ln\left(\frac{v+b}{v}\right) = \frac{a}{bRT}\left[\frac{2\overline{a_i}}{a} + \frac{2\overline{b_i}-b}{b}\right] \ln\left(\frac{v+b}{v}\right) \qquad (2.10.45)$$

최종적으로 SRK식에 적용한 혼합물의 퓨개시티 계수 표현식은 다음과 같다.

$$\ln\hat{\phi_i} = -\ln\frac{P(v-b)}{RT} + \frac{2\overline{b_i}-b}{b}(Z-1) + \frac{a}{bRT}\left[\frac{2\overline{a_i}}{a} + \frac{2\overline{b_i}-b}{b}\right]\ln\left(\frac{v+b}{v}\right) \qquad (2.10.46)$$

여기에서, $\overline{a_i} = \sum_l x_l a_{li}$, $\overline{b_i} = \sum_l x_l b_{li}$이다.

그런데, $b = \sum_i x_i b_i = \frac{1}{n}\sum_i n_i b_i$인 경우에는 $\frac{\partial(nb)}{\partial n_i} = b_i$가 된다. 따라서, (2.10.46)식에서 $2\overline{b_i}-b$대신에 b_i를 써야 하므로 다음과 같이 표현된다.

$$\ln\hat{\phi_i} = -\ln\frac{P(v-b)}{RT} + \frac{b_i}{b}(Z-1) + \frac{a}{bRT}\left[\frac{2\overline{a_i}}{a} + \frac{b_i}{b}\right]\ln\left(\frac{v+b}{v}\right) \qquad (2.10.47)$$

2.11 PR 상태방정식에 적용한 혼합물 중의 'i' 성분의 퓨개시티 계수 표현식의 유도

원식은 다음과 같다.

$$\ln\hat{\phi_i} = -\ln Z - \int_{\infty}^{v}\left[\left(\frac{\partial(nZ)}{\partial n_i}\right)_{T,V,n_{j\neq i}} - 1\right]\frac{dV}{V} \qquad (2.11.1)$$

Peng-Robinson 상태방정식은 다음과 같다.

$$P = \frac{RT}{v-b} - \frac{a}{v(v+b)+b(v-b)} \tag{2.11.2}$$

(4.12.2)식의 양변에 $\frac{v}{RT}$을 곱하면 다음을 얻는다.

$$Z = \frac{v}{v-b} - \frac{av/RT}{v(v+b)+b(v-b)} \tag{2.11.3}$$

그런데 여기에서 매개변수 a와 b는 다음과 같다.

순수 성분에 대하여,

$$b = 0.07780\frac{RT_c}{P_c} \tag{2.11.4}$$

$$a = a(T_c) \cdot \alpha(T_r, \omega) \tag{2.11.5}$$

$$a(T_c) = 0.45724\frac{R^2 T_c^2}{P_c} \tag{2.11.6}$$

$$\alpha = \left[1 + \beta\left(1 - T_r^{0.5}\right)\right]^2 \tag{2.11.7}$$

$$T_r = T/T_c \tag{2.11.8}$$

$$\beta = 0.37464 \tag{2.11.9}$$

혼합물에 대하여,

$$b = \sum_i \sum_j x_i x_j b_{ij} \tag{2.11.10}$$

$$a = \sum_i \sum_j x_i x_j a_{ij} \tag{2.11.11}$$

$$b_{ij} = \sqrt{b_i b_j}\,(1 - c_{ij}) \tag{2.11.12}$$

$$a_{ij} = \sqrt{a_i a_j}\,(1 - k_{ij}) \tag{2.11.13}$$

원식 (2.11.1)의 표현식에서 nZ가 있으므로 이를 Peng-Robinson식에 적용하기 위해 (2.11.3)식을 이용한다.

$$nZ = \frac{V}{v-b} - \frac{aV/RT}{v(v+b)+b(v-b)} \tag{2.11.14}$$

여기에서 $V=nv$이다. 또한, (2.11.14)식의 우변의 첫째항의 분자와 분모항에 몰수 n을 곱하고 둘째항의 분자와 분모항에는 n^2을 곱하면 다음을 얻는다.

$$nZ = \frac{nV}{V-nb} - \frac{n^2aV/RT}{V(V+nb)+nb(V-nb)} \tag{2.11.15}$$

$$nZ = \frac{nV}{V-nb} - \frac{n^2aV/RT}{V^2+2nbV-(nb)^2} \tag{2.11.16}$$

편의상 하첨자, $T, V, n_{j \neq i}$를 생략한다.

$$\frac{\partial(nZ)}{\partial n_i} = \frac{V(V-nb)+nV\dfrac{\partial(nb)}{n_i}}{(V-nb)^2}$$

$$= -\frac{\dfrac{V}{RT}\dfrac{\partial(n^2a)}{\partial n_i}[V^2+2nbV-(nb)^2] - \dfrac{V}{RT}n^2a\left[2V\dfrac{\partial(nb)}{\partial n_i} - 2nb\dfrac{\partial(nb)}{\partial n_i}\right]}{[V^2+2nbV-(nb)^2]^2} \tag{2.11.17}$$

위의 (2.11.17)식으로부터 원식의 적분기호 안의 식을 구하면 다음과 같다.

$$\frac{\partial(nZ)}{\partial n_i} - 1 = \frac{nbV-(nb)^2+nV\dfrac{\partial(nb)}{\partial n_i}}{(V-nb)^2}$$

$$-\frac{\frac{V}{RT}\frac{\partial(n^2a)}{\partial n_i}}{[V^2+2nbV-(nb)^2]}+\frac{\frac{V}{RT}n^2a\left[2V\frac{\partial(nb)}{\partial n_i}-2nb\frac{\partial(nb)}{\partial n_i}\right]}{[V^2+2nbV-(nb)^2]^2} \tag{2.11.18}$$

여기에서

$$b=\sum_i x_ib_i=\frac{1}{n^2}\sum_i\sum_j n_in_jb_{ij} \tag{2.11.19}$$

$$nb=\frac{1}{n}\sum_i\sum_j n_in_jb_{ij} \tag{2.11.20}$$

$$\begin{aligned}\sum_i\sum_j n_in_jb_{ij} &= n_1n_1b_{11}+n_1n_2b_{12}+....+n_1n_ib_{1i}+....\\ &+n_2n_1b_{21}+n_2n_2b_{22}+....+n_2n_ib_{1i}+....\\ &+......\\ &+n_in_{1_{i1}}+n_in_2b_{i2}+....+n_in_ib_{ii}+....\\ &+......\end{aligned} \tag{2.11.21}$$

$$\begin{aligned}\frac{\partial(nb)}{\partial n_i} &= \frac{\partial}{\partial n_i}\left[\frac{1}{n}\sum_i\sum_j n_in_jb_{ij}\right]\\ &=-\frac{1}{n^2}\sum_i\sum_j n_in_jb_{ij}+\frac{1}{n}\frac{\partial}{\partial n_i}\sum_i\sum_j n_in_jb_{ij}\end{aligned} \tag{2.11.22}$$

위의 (2.11.22)식에서 박스 안의 미분을 다시 쓰면 다음과 같다.

$$\begin{aligned}\frac{\partial}{\partial n_i}\sum_i\sum_j n_in_jb_{ij} &= \frac{\partial(n_1n_ib_{1i})}{\partial n_i}+\frac{\partial(n_2n_ib_{2i})}{\partial n_i}+....+\frac{\partial(n_in_ib_{ii})}{\partial n_i}+....\\ &+\frac{\partial(n_in_1b_{i1})}{\partial n_i}+....+\frac{\partial(n_in_2b_{i2})}{\partial n_i}+....\end{aligned} \tag{2.11.23}$$

위의 (2.11.23)식을 더욱 정리하면 다음을 얻는다.

$$\frac{\partial}{\partial n_i}\sum_i\sum_j n_i n_j b_{ij} = n_1 b_{1i} + n_2 b_{2i} + ... + 2n_i b_{ii} (= n_i b_{ii} + n_i b_{ii}) + ...$$

$$+ n_1 b_{i1} + n_2 b_{i2} + ...$$

$$= \sum_l n_l b_{li} + \sum_l n_l b_{il} \qquad (2.11.24)$$

그런데, $b_{il} = b_{li}$라 놓을 수 있다. (One fluid mixing rule) 또한 (2.11.22)식은 다음과 같이 단순화시킬 수 있다.

$$\frac{\partial(nb)}{\partial n_i} = -b + 2\overline{b_i} \qquad (2.11.25)$$

여기에서 $\overline{b_i} = \sum_l x_l b_{li}$이다.

또한 a에 대해서도 마찬가지 방법을 적용시켜 보자.

$$a = \sum_i x_i x_j a_{ij} = \frac{1}{n^2}\sum_i n_i n_j a_{ij} \qquad (2.11.26)$$

$$n^2 a = \sum_i n_i n_j a_{ij} \qquad (2.11.27)$$

$$\sum_i\sum_j n_i n_j a_{ij} = n_1 n_1 a_{11} + n_1 n_2 a_{12} + ... + n_1 n_i a_{1i} + ...$$

$$+ n_2 n_1 a_{21} + n_2 n_2 a_{22} + ... + n_2 n_i a_{1i} + ...$$

$$+ ......$$

$$+ n_i n_1 a_{i1} + n_i n_2 a_{i2} + ... + n_i n_i a_{ii} + ...$$

$$+ ...... \qquad (2.11.28)$$

위의 (2.11.28)식을 미분하면 다음을 얻는다.

$$\frac{\partial(n^2 a)}{\partial n_i} = \frac{\partial(n_1 n_i a_{1i})}{\partial n_i} + \frac{\partial(n_2 n_i a_{2i})}{\partial n_i} + ... + \frac{\partial(n_i n_i a_{ii})}{\partial n_i} + $$

$$+ \frac{\partial(n_i n_1 a_{i1})}{\partial n_i} + \frac{\partial(n_i n_2 a_{i2})}{\partial n_i} + ... \qquad (2.11.29)$$

위의 (2.11.29)식을 다시 정리하면 다음을 얻는다.

$$\frac{\partial(n^2 a)}{\partial n_i} = n_1 a_{1i} + n_2 a_{2i} + ... + 2n_i a_{ii} (= n_i a_{ii} + n_i a_{ii})$$

$$= n_1 a_{i1} + n_2 a_{2i} + ... \qquad (2.11.30)$$

위의 (2.11.30)식은 다음과 같이 일반화할 수 있다.

$$\frac{\partial(n^2 a)}{\partial n_i} = \sum_{l=1}^{N} n_l a_{li} + \sum_{l=1}^{N} n_l a_{il} \qquad (2.11.31)$$

여기에서 $a_{il} = a_{li}$이다. (One fluid mixing rule) 그러면 위의 (2.11.31)식은 다음과 같이 된다.

$$\frac{\partial(n^2 a)}{\partial n_i} = 2\sum_{l=1}^{N} n_l a_{il} = 2n \sum_{l=1}^{N} x_l a_{il} = 2n\overline{a_i} \qquad (2.11.32)$$

where: $\overline{a_i} = \sum_{l=1}^{N} x_l a_{il}$로 정의한다.

앞에서 유도한 식을 (2.11.18)식에 적용하면 다음을 얻는다.

$$\frac{\partial(nZ)}{\partial n_i}-1=\frac{nbV+nV\frac{\partial(nb)}{\partial n_i}-(nb)^2}{(V-nb)^2}$$

$$-\frac{\frac{V}{RT}\frac{\partial(n^2a)}{\partial n_i}}{V^2+2nbV-(nb)^2}+\frac{\frac{V}{RT}n^2a\left[2V\frac{\partial(nb)}{\partial n_i}-2nb\frac{\partial(nb)}{\partial n_i}\right]}{\left[V^2+2nbV-(nb)^2\right]^2} \qquad (2.11.33)$$

위의 (2.11.33)식에 (2.11.25)식과 (2.11.32)식을 대입해서 정리하면 다음을 얻는다.

$$\frac{\partial(nZ)}{\partial n_i}-1=\frac{2n\bar{b}_iV-(nb)^2}{(V-nb)^2}-\frac{2n\bar{a}_iV/RT}{V^2+2nbV-(nb)^2}$$

$$+\frac{\frac{2n^2aV}{RT}\left[2\bar{b}_iV-bV-2n\bar{b}_ib+nb^2\right]}{\left[V^2+2nbV-(nb)^2\right]^2} \qquad (2.11.34)$$

원식에서 $\left[\frac{\partial(nZ)}{\partial n_i}-1\right]\frac{1}{V}$을 구하기 위해 (2.11.34)식의 양변에 $\frac{1}{V}$를 곱하면 다음을 얻는다.

$$\left[\frac{\partial(nZ)}{\partial n_i}-1\right]\frac{1}{V}=\frac{2n\bar{b}_i}{(V-nb)^2}-\frac{(nb)^2}{V(V-nb)^2}+\frac{2na_i/RT}{V^2+2nbV-(nb)^2}$$

$$+\frac{\frac{2n^2a}{RT}(2\bar{b}_i-b)V}{\left[V^2+2nbV-(nb)^2\right]^2}-\frac{\frac{(2n^2a)(nb)}{RT}(2\bar{b}_i-b)}{\left[V^2+2nbV-(nb)^2\right]^2} \qquad (2.11.35)$$

적분 테이블로부터 다음을 얻는다.

$$\int\frac{dx}{x(a+bx)^2}=\frac{1}{a(a+bx)}-\frac{1}{a^2}ln\frac{a+bx}{x} \qquad (2.11.36)$$

$$\int \frac{dx}{a+bx+cx^2} = \frac{1}{\sqrt{b^2-4ac}} \ln \frac{b+2cx-\sqrt{b^2-4ac}}{b+2cx+\sqrt{b^2-4ac}} \tag{2.11.37}$$

$$\int \frac{dx}{(a+bx+cx^2)^2} = \frac{b+2cx}{(4ac-b^2)(a+bx+cx^2)} + \frac{2c}{4ac-b^2} \int \frac{dx}{a+bx+cx^2} \tag{2.11.38}$$

$$\int \frac{xdx}{(a+bx+cx^2)^2} = -\frac{2a+bx}{(4ac-b^2)(a+bx+cx^2)} - \frac{b}{4ac-b^2} \int \frac{dx}{a+bx+cx^2} \tag{2.11.39}$$

$\int_{\infty}^{V} \left[\frac{\partial(nZ)}{\partial n_i} - 1 \right] \frac{dV}{V}$를 구하기 위해서 (2.11.35)식의 우변을 각 항마다 적분해 보자.

$$\cdot \int_{\infty}^{V} \frac{2n\overline{b_i}}{(V-nb)^2} dV = -\frac{2n\overline{b_i}}{V-nb} \Bigg|_{\infty}^{V} = -\frac{2n\overline{b_i}}{V-nb} = -\frac{2\overline{b_i}}{v-b} \tag{2.11.40}$$

$$\cdot \int_{\infty}^{V} \frac{(nb)^2}{V(V-nb)^2} dV = \frac{(nb)^2}{(-nb)(V-nb)} - \frac{(nb)^2}{(-nb)^2} \cdot \ln \frac{V-nb}{V} \Bigg|_{\infty}^{V}$$

$$= -\frac{nb}{V-nb} - \ln \frac{nb}{V-nb} = -\frac{b}{v-b} - \ln \frac{v-b}{v} \tag{2.11.41}$$

$$\cdot \int_{\infty}^{V} \frac{2n\overline{a_i}/RT}{[V^2+2nbV-(nb)^2]} dV = \frac{2n\overline{a_i}/RT}{2\sqrt{2}nb} \cdot \ln \frac{2nb+2V-2\sqrt{2}nb}{2nb+2V+2\sqrt{2}nb} \Bigg|_{\infty}^{V}$$

$$= \frac{\overline{a_i}/RT}{\sqrt{2}b} \cdot \ln \frac{b+v-\sqrt{2}b}{b+v+\sqrt{2}b} \tag{2.11.42}$$

그런데 여기에서 (2.11.37)식의 b^2-4ac를 계산해 보면 다음과 같다.

$$b^2-4ac = (2nb)^2 - 4(-nb)^2 = 8(nb)^2$$

그러므로, $\sqrt{b^2-4ac} = \sqrt{8(nb)^2} = 2\sqrt{2}nb$가 성립한다.

$$\cdot \int_{\infty}^{V} \frac{\frac{2n^2a}{RT}(2b_i - b)V}{[V^2 + 2nbV - (nb)^2]^2} dV$$

$$= \frac{2n^2a}{RT}(2b_i - b)\left[-\frac{-2(nb)^2 + 2nbV}{[-8(nb)^2][V^2 + 2nbV - (nb)^2]} - \frac{2nb}{-8(nb)^2} \cdot \frac{1}{2\sqrt{2}nb} \cdot \ln\frac{2nb + 2V - 2\sqrt{2}nb}{2nb + 2V + 2\sqrt{2}nb}\right] \tag{2.11.43}$$

위의 (2.11.43)식을 정리하면 다음을 얻는다.

$$\cdot \int_{\infty}^{V} \frac{\frac{2n^2a}{RT}(2b_i - b)V}{[V^2 + 2nbV - (nb)^2]^2} dV$$

$$= \frac{a}{RT}(2b_i - b) \cdot \frac{b - v}{2b(v^2 + 2bv - b^2)} - \frac{a}{RT} \cdot (2\overline{b}_i - b)\frac{1}{4\sqrt{2}b^2} \cdot \ln\frac{2b + 2v - 2\sqrt{2}b}{2b + 2v + 2\sqrt{2}b} \tag{2.11.44}$$

$$\cdot \int_{\infty}^{V} \frac{\frac{1}{RT}n^2a(2nb_i - b)}{[V^2 + 2nbV - (nb)^2]^2} dV$$

$$= \frac{(2n^2a)(nb)}{RT}(2nb_i - b) \cdot \left[\frac{2nb + 2V}{[-8(nb)^2][V^2 + 2nbV - (nb)^2]}\right] + \frac{2}{-8(nb)^2} \cdot \frac{1}{2\sqrt{2}b} \cdot \ln\frac{2nb + 2V - 2\sqrt{2}nb}{2nb + 2V + 2\sqrt{2}nb} \tag{2.11.45}$$

위의 (2.11.45)식을 정리하면 다음을 얻는다.

$$\cdot \int_{\infty}^{V} \frac{\frac{1}{RT}n^2a(2nb_i - b)}{[V^2 + 2nbV - (nb)^2]^2} dV$$

$$= -\frac{a}{RT}(2nb_i - b) \cdot \frac{b + v}{2b(v^2 + 2bv - b^2)} + \frac{a}{RT} \cdot \frac{1}{4\sqrt{2}b^2} \cdot \ln\frac{b + v - \sqrt{2}b}{b + v + \sqrt{2}b} \tag{2.11.46}$$

앞서 유도한 (2.11.40), (2.11.41), (2.11.42), (2.11.43)와 (2.11.46)식들을 원식에 대입하면 다음을 얻는다.

$$\begin{aligned}\ln\hat{\phi}_i =& -\ln Z + \frac{2\bar{b}_i}{v-b} - \frac{b}{v-b} - \ln\frac{v-b}{v} + \frac{\bar{a}_i/RT}{\sqrt{2}\,b} ln\frac{b+v-\sqrt{2}\,b}{b+v+\sqrt{2}\,b} \\ &+ \frac{a}{RT}(2b_i - b)\frac{b-v}{2b(v^2+2bv-b^2)} \\ &- \frac{a}{RT}(2\bar{b}_i - b)\frac{1}{4\sqrt{2}\,b^2} ln\frac{b+v-\sqrt{2}\,b}{b+v+\sqrt{2}\,b} \\ &- \frac{a}{RT}(2b_i - b)\frac{b+v}{2b(v^2+2bv-b^2)} - \frac{a}{RT}(2\bar{b}_i - b)\frac{1}{4\sqrt{2}\,b^2} ln\frac{b+v-\sqrt{2}\,b}{b+v+\sqrt{2}\,b}\end{aligned} \tag{2.11.47}$$

위의 (2.11.47)식을 다시 정리해서 쓰면 다음과 같다.

$$\begin{aligned}\ln\hat{\phi}_i =& -\ln Z - \ln\frac{v-b}{v} + \frac{2\bar{b}_i - b}{v-b} + \frac{\bar{a}_i/RT}{\sqrt{2}\,b} \cdot \ln\frac{b+v-\sqrt{2}\,b}{b+v+\sqrt{2}\,b} \\ &+ \frac{a}{bRT}\left[\frac{\bar{a}_i}{\sqrt{2}\,b} - \frac{2\bar{b}_i - b}{2\sqrt{2}\,b}\right]\ln\frac{v+(1-\sqrt{2})b}{v+(1+\sqrt{2}b} \\ &+ \frac{2\bar{b}_i - b}{b}\frac{-av/RT}{v^2+2bv-b^2}\end{aligned} \tag{2.11.48}$$

위의 (2.11.48)식에서 식의 일부분은 다음과 같이 요약될 수 있다.

$$\begin{aligned}&\frac{2\bar{b}_i - b}{v-b} + \frac{2\bar{b}_i - b}{b}\frac{-av/RT}{v^2+2bv-b^2} \\ &= \frac{2\bar{b}_i - b}{b}\left(\frac{b}{v-b} - \frac{av/RT}{v^2+2bv-b^2}\right) = \frac{2\bar{b}_i - b}{b}(Z-1)\end{aligned} \tag{2.11.49}$$

$$-\ln Z - \ln\frac{v-b}{v} = -\ln\frac{Pv}{RT} - \ln\frac{v-b}{v} = -\ln\frac{P(v-b)}{RT} \tag{2.11.50}$$

최종적으로 정리하면 다음 식을 얻는다.

$$\ln\hat{\phi}_i = \frac{2\overline{b_i} - b}{b}(Z-1) - \ln\frac{P(v-b)}{RT} + \frac{a}{2\sqrt{2}bRT}\left[\frac{2\overline{a_i}}{a} - \frac{2\overline{b_i} - b}{b}\right]\ln\frac{v+(1-\sqrt{2})b}{v+(1+\sqrt{2})b} \tag{2.11.51}$$

여기에서, $\overline{a_i} = \sum_l x_l a_{li}$, $\overline{b_i} = \sum_l x_l b_{li}$이다.

그런데, $b = \sum_i x_i b_i = \frac{1}{n}\sum_i n_i b_i$인 경우에는 $\frac{\partial(nb)}{\partial n_i} = b_i$가 된다. 따라서, (2.11.51)식에서 $2\overline{b_i} - b$대신에 b_i를 써야 하므로 다음과 같이 표현된다.

$$\ln\hat{\phi}_i = \frac{b_i}{b}(Z-1) - \ln\frac{P(v-b)}{RT} + \frac{a}{2\sqrt{2}bRT}\left(\frac{2\overline{a_i}}{a} - \frac{b_i}{b}\right)\ln\frac{v+(1-\sqrt{2})b}{v+(1+\sqrt{2})b} \tag{2.11.52}$$

제 3 장 상태방정식 모델식의 소개

3.1 이상기체 거동으로부터 벗어나는 편차와 반데르발스 상태방정식의 소개

공정모사에 필요한 열역학 모델식은 아래의 [그림 3.1.1]과 같이 분류할 수 있다. 라울의 법칙이 적용되는 기상은 이상기체 혼합물이고 액상은 이상용액의 거동을 보이는 혼합물은 거의 없고 대부분은 상태방정식 모델이나 액체 활동도계수 모델식을 이용하거나 이 두 모델을 병행해서 사용해야 모사가 가능하다. 그리고 이 두 가지 모델식으로 모사가 불가능한 전해질 용액이나 아민 수용액을 포함하는 공정이나 회합성분자들이 존재하는 경우에는 'Special Model'을 사용해야 한다.

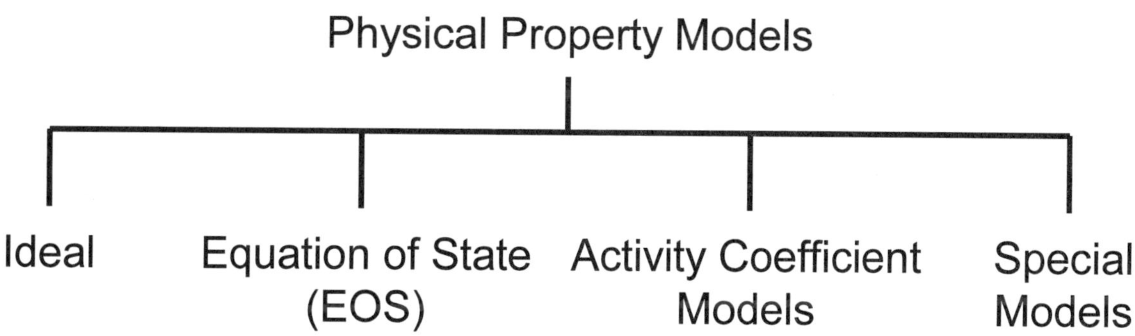

[그림 3.1.1] Physical Property Methods

위의 열역학 모델식의 선정은 성분들 간의 비이상성과 공정의 운전조건에 따라 결정된다. 가장 단순한 형태의 상태방정식은 이상기체 상태방정식으로 식 3.1.1과 같이 표현된다.

$$PV = RT \tag{3.1.1}$$

위의 식을 압력에 대한 양함수의 형태로 표현하면 다음과 같다.

$$P = \frac{RT}{V} \tag{3.1.2}$$

상태방정식을 압력의 양함수의 형태로 표현하는 이유는 혼합물 중의 i성분의 퓨개시티계수 계수 표현식을 유도하기가 편리하게 다음 식과 같은 형태로 표현되기 때문이다.

$$\ln\hat{\phi}_i^v = -\frac{1}{RT}\left[\int_{\infty}^{V}\left(\frac{\partial P}{\partial n_i}\right)_{T,V,nj\neq i}\right]dV - \ln Z \tag{3.1.3}$$

이상기체 상태방정식에서 분자의 크기와 상호간의 인력을 고려하여 1873년에 반데르발스(van der Waals) 상태방정식이 만들어졌다. 이상기체는 압력이 무한대가 되거나 온도가 절대영도가 되었을 때 부피가 영이 되지만 실제기체는 절대영도에 도달하기 전에 액화하기 때문이 일정한 크기를 갖는다. 그래서 실제기체는 이상기체의 부피에 액화한 후의 몰당 부피에 해당하는 값인 b를 더해서 다음 식과 같이 가정하였다.

$$V^{Real} = V = V^{Ideal} + b \tag{3.1.4}$$

위의 식을 압력에 대한 양함수의 형태로 표현하면 다음과 같아진다.

$$P = \frac{RT}{V-b} \tag{3.1.5}$$

위의 식은 크기만 갖는 실제기체에 대한 상태방정식이 된다. 그런데 실제기체가 나타내는 압력은 상호간에 인력이 존재하므로 위의 식에서 나타내는 압력보다 작은 값을 나타낼 것이다. 그래서 최종적으로 다음과 같아진다.

$$P = \frac{RT}{V-b} - \frac{a}{V^2} \tag{3.1.6}$$

위의 (3.1.6)식이 그 유명한 van der Waals 상태방정식이다. van der Waals 식의 의미는 단 하나의 상태방정식을 이용해서 기체에서 액체로 연속적으로 응축하는 현상을 정성적으로 잘 설명할 수 있다는 것이다. 그는 이러한 공로로 1910년에 노벨상을 수상하였다. van der Waals식은 부피에 대해서 3차 방정식의 형태로 표현되기 때문에 해석적으로 풀 수 있다는 편리한 점이 있다. 현재는 컴퓨터의 발달로 인해서 방정식의 근을 해석적으로 풀 수 있다는 것이 큰 장점이 아닐 수도 있으나 그 당시에는 비교적 단순한 형태의 상태방정식으로 기체와 액체를 동시에 계산할 수 있다는 것은 큰 장점이었을 것이다. van der Waals식을 변형한 SRK나 PR식들은 현대의 공정모사기에도 내장되어 있는 모델들이다.

3.1.1 반데르발스 상태방정식의 매개변수 a와 b의 소개

위의 (3.1.6)식은 임계온도에서 변곡점을 갖는다. 변곡점에서 수학적으로 압력을 부피로 미분할 적에 1계 도함수와 2계 도함수가 영이 되므로, 다음의 두 조건을 만족한다.

$$\left(\frac{\partial P}{\partial v}\right)_{T_c} = 0 \tag{3.1.7}$$

$$\left(\frac{\partial^2 P}{\partial v^2}\right)_{T_c} = 0 \tag{3.1.8}$$

위의 두 미분 조건식을 원식 (3.1.6)에 적용하면 다음을 얻는다.

$$\left(\frac{\partial P}{\partial v}\right)_{T_c} = \frac{-RT_c}{(v_c-b)^2} + \frac{2a}{v_c^3} = 0 \tag{3.1.9}$$

$$\left(\frac{\partial^2 P}{\partial v^2}\right)_{T_c} = \frac{2RT_c}{(v_c - b)^3} - \frac{6a}{v_c^4} = 0 \tag{3.1.10}$$

(3.1.9)식을 변형하면,

$$\frac{RT_c}{(v_c - b)^2} = \frac{2a}{v_c^3} \tag{3.1.11}$$

(3.1.10)식을 변형하면,

$$\frac{RT_c}{(v_c - b)^3} = \frac{3a}{v_c^4} \tag{3.1.12}$$

을 얻는다.

(3.1.12)식을 (3.1.11)식으로 나누면,

$$\frac{\dfrac{RT_c}{(v_c - b)^3}}{\dfrac{RT_c}{(v_c - b)^2}} = \frac{\dfrac{3a}{v_c^4}}{\dfrac{2a}{v_c^3}} \tag{3.1.13}$$

을 얻는다. 위의 식을 정리하면,

$$b = \frac{v_c}{3} \tag{3.1.14}$$

가 된다. 또, 위의 (3.1.9)식을 (3.1.6)식에 대입해서 a에 관한 식을 구하면,

$$a = \frac{9}{8} R T_c v_c \tag{3.1.15}$$

을 얻는다. a와 b를 각각의 T_c와 P_c만의 함수로 구하기 위해서는 v_c를 제거해야 한다. 그러기 위해서는 (3.1.14)와 (3.1.15)식을 원식의 임계조건으로 바꾼 후 대입하면 된다.

$$P_c = \frac{RT_c}{v_c - b} - \frac{a}{v_c^2} = \frac{RT_c}{v_c - \frac{v_c}{3}} - \frac{\frac{9}{8}RT_c v_c}{v_c^2} = \frac{3RT_c}{8v_c} \tag{3.1.16}$$

위의 (3.1.16)식을 정리하면,

$$\frac{P_c v_c}{RT_c} = Z_c = \frac{3}{8} \tag{3.1.17}$$

위의 식에서 $v_c = \dfrac{3RT_c}{8P_c}$이므로 이를 각각 (3.1.14)식과 (3.1.15)식에 대입하면,

$$b = \frac{v_c}{3} = \frac{1}{3}\left(\frac{3RT_c}{8P_c}\right) = \frac{RT_c}{8P_c} \tag{3.1.18}$$

$$a = \frac{9}{8} R T_c v_c = \frac{9RT_c}{8} \times \frac{3RT_c}{8P_c} = \frac{27R^2 T_c^2}{64P_c} \tag{3.1.19}$$

3.1.2 반데르발스 상태방정식의 변형

이제 반데르발스 상태방정식에 압축인자 Z를 도입함으로써 좀 더 편리하게 변형시켜 보자. 압축인자의 정의는 주어진 온도와 압력에서 이상기체의 부피에 대한

실제 유체의 부피가 되며 그 표현식은 다음의 (3.1.20)식과 같다.

$$Z=\frac{V}{V^{ideal}}=\frac{PV}{RT} \tag{3.1.20}$$

원식 (3.1.6)을 부피, v에 관해서 정리하기 위해서 통분하면,

$$P=\frac{RTV^2-a(V-b)}{V^2(V-b)} \tag{3.1.21}$$

$$V^2(V-b)=\frac{RT}{P}V^2-\frac{a}{P}(V-b) \tag{3.1.34}$$

$$V^3-bV^2=\frac{RT}{P}V^2-\frac{a}{P}V+\frac{ab}{P} \tag{3.1.22}$$

위의 (3.1.22)식을 정리하면 다음을 얻는다.

$$V^3-\left(b+\frac{RT}{P}\right)V^2+\frac{a}{P}V-\frac{ab}{P}=0 \tag{3.1.23}$$

위의 (3.1.23)식의 양변에 $\left(\frac{P}{RT}\right)^3$을 곱하면

$$\left(\frac{Pv}{RT}\right)^3-\left(\frac{bP}{RT}+1\right)\left(\frac{Pv}{RT}\right)^2+\frac{aP}{(RT)^2}\left(\frac{Pv}{RT}\right)-\frac{abP^2}{(RT)^3}=0 \tag{3.1.24}$$

위의 (3.1.24)식에서 $\frac{Pv}{RT}=Z$이므로, (3.1.24)식은 다음과 같다.

$$Z^3-\left(\frac{bP}{RT}+1\right)Z^2+\frac{aP}{(RT)^2}Z-\frac{abP^2}{(RT)^3}=0 \tag{3.1.25}$$

위의 (3.1.25)을 변형하면 다음과 같이 쓸 수 있다.

$$Z^3-(B+1)Z^2+AZ-AB=0 \tag{3.1.26}$$

여기에서 $B=\frac{bP}{RT}$이고, $A=\frac{aP}{(RT)^2}$이다. 우리가 반데르발스 상태방정식을 위의 (3.1.26)식과 같이 압축인자의 항으로 표시하는 이유는 압축인자의 값이 가지는 범위가 대체로 유체의 종류에 관계없이 0.001에서 1 사이의 값을 취하기 때문이다. 왜냐하면 이상기체의 거동에 근접할수록 압축인자의 값은 1 근처의 값을 가질 것이고 액체의 경우에는 0.001근처의 값이 된다. 따라서 유체의 종류나 온도와 압력에 관계없이 Lower bound와 Upper bound의 값을 예상할 수 있기 때문이다.

예제 3.1.1

van der Waals 상태방정식을 이용한 포화 증기와 액체의 부피 추산 Methyl Chloride (CH3Cl)은 322K에서 증기압이 10.49atm이다. 그리고 그 때, 증기와 액체의 부피는 각각 0.6710 ft3/lb과 0.0186 ft3/lb이다. van der Waals 상태방정식을 이용해서 주어진 온도와 압력에서 증기와 액체의 부피를 추산하고 그 결과를 실험치와 비교해 보라.

풀이

먼저 아래의 표 3.1.1에 나와 있는 Methyl Chloride의 순수성분 데이터를 이용하자.

우선 Methyl Chloride의 임계온도와 압력을 이용해서 van der Waals식의 a와 b를 구하면 다음과 같다.

[표 3.1.1] 순수 성분 데이터 (Methyl Chloride)

Component	Methyl Chloride
T_c (K)	416.3
P_c (atm)	65.9
P^{vap} (322K)	10.49
R ( )	0.08206
M.W. (g/gmol)	50.4875
T (K)	322.0

$$a=\frac{27R^2T_c^2}{64P_c}=\frac{27}{64}\cdot\frac{(0.08206\times 416.3)^2}{(65.9)}=7.4709$$

$$b=\frac{RT_c}{8P_c}=\frac{(0.08206)(416.3)}{(8)(65.9)}=0.0648$$

또한 A와 B를 구하면 다음과 같다.

$$A=\frac{aP}{(RT)^2}=\frac{(7.4709)(10.49)}{[(0.08206)(322)]^2}=0.112247$$

$$B=\frac{bP}{RT}=\frac{(0.0648)(10.49)}{(0.08206)(322)}=0.025725$$

이제 위의 (3.1.26)식에 적용해서 정리하면 다음을 얻는다.

$$F(Z)=Z^3-1.025725Z^2+0.112247Z-0.002288=0 \qquad (3.1.27)$$

위의 (3.1.27)식을 그래프로 도시하면 다음의 [그림 3.1.1]과 같아진다.

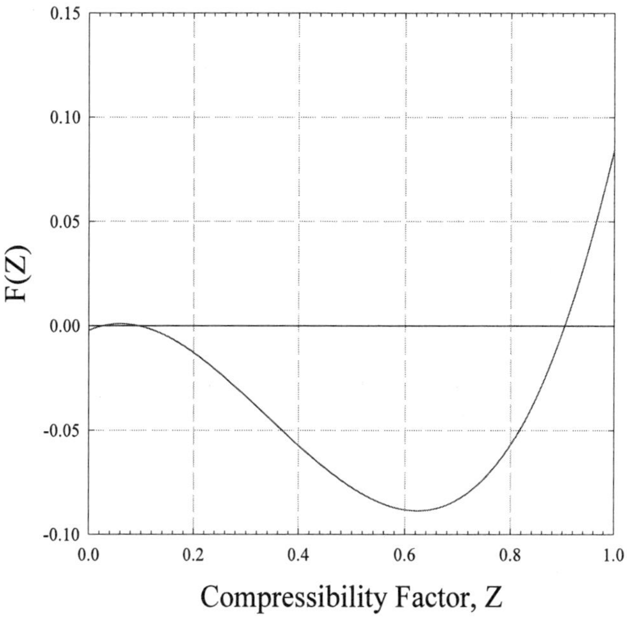

[그림 3.1.1] 반데르발스 상태방정식을 적용한 기상 및 액상의 압축인자

위의 식을 압축인자에 대해서 풀면 삼차방정식이므로 다음의 세 개의 근이 얻어진다. Z1 = 0.028, Z2 = 0.095와 Z3 = 0.904이다. 그런데 이 세 개의 근 중에서 가장 작은 근은 액상의 압축인자에 해당하고 가장 큰 근은 증기의 압축인자에 해당한다. 중간 값의 근은 의미가 없다. (무연근) 기상과 액상의 압축인자를 이용해서 기상과 액상의 몰당 부피를 구하면 다음과 같다.

기상의 부피 = 2.2803 L/gmole, 액상의 부피 = 0.0990 L/gmole

이를 ft3/lb로 환산하면 다음과 같다.
기상의 부피 = 0.724 ft3/lb, 액상의 부피 = 0.0314 ft3/lb

이는 기상의 부피는 실험치와 약 8%가량의 오차가 있고 액상의 경우는 이보다 훨씬 더 많은 오차가 있다.

예제 3.1.2 van der Waals식을 이용한 액체의 증기압 계산

다음과 같이 Methyl chloride의 임계온도와 압력 위의 표 3.1.1과 같이 주어져 있을 때 322K에서의 증기압을 van der Waals 상태방정식을 이용해서 추산해 보자.

풀이

위의 반데르발스 표현식의 매개변수 a와 b를 구해보면 다음의 (3.1.28)과 (3.1.29)식으로 구해질 수 있다.

$$a = \frac{27}{64} \times \frac{R^2 T_c^2}{P_c} = \frac{27}{64} \times \frac{(0.08206)^2 (4163)^2}{(65.9)} = 7.4709 \quad (3.1.28)$$

$$b = \frac{RT_c}{P_c} = \frac{(0.08206)(416.3)}{(8)(65.9)} = 0.0648 \quad (3.1.29)$$

따라서 반데르발스 상태방정식은 다음과 같다.

$$P = \frac{(0.08206)(322)}{(V - 0.0648)} - \frac{7.4709}{V^2} = \frac{26.42}{V - 0.0648} - \frac{7.4709}{V^2} \quad (3.1.30)$$

윗 식을 등온선으로 나타내면 다음 그림과 같다.

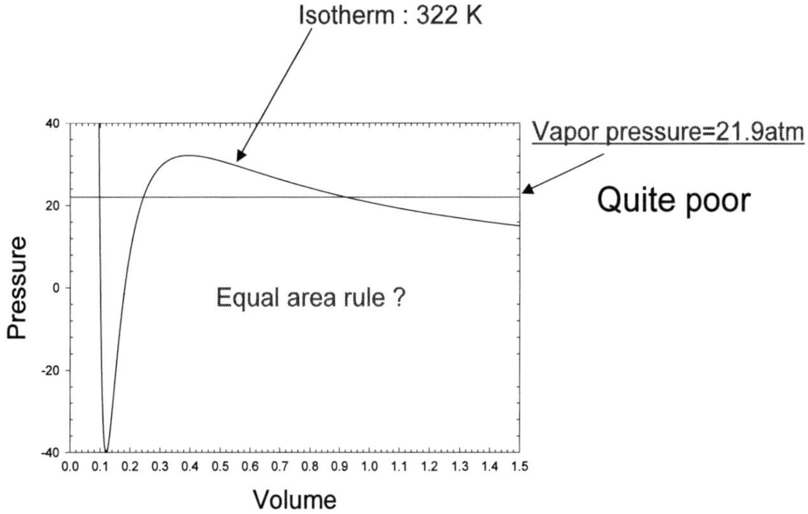

[그림 3.1.2] 반데르발스 상태방정식을 이용한 322K에서의 등온선 및 증기압 추산

위의 [그림 3.1.2]에 의하면 322K에서 Methyl Chloride의 증기압은 21.9atm이다. 이 온도에서의 실험적인 증기압인 10.49atm과는 상당한 차이가 있음을 알 수 있다. 반데르발스 상태방정식을 이용한 증기압이 실험적인 증기압보다 2배가량 크게 나타나는 이유는 Methyl Chloride의 액상에서의 서로간의 친화력을 잘 설명하지 못하기 때문이다. 반데르발스 상태방정식은 분자들이 완전 구형이고 비극성 분자를 가정하였는데 Methyl Chloride에 있는 염소(Cl) 때문에 다소 극성을 띠기 때문에 액상에서 분자들 간의 친화력이 커지므로 실제로는 증발하기 어려워지기 때문에 실험적인 증기압이 계산치보다 훨씬 작은 값을 나타내게 되는 것이다.

3.2 Redlich-Kwong 상태방정식 (1949년)

1949년에 Redlich와 Kwong은 다음과 같이 반데르발스 상태방정식보다 순수 성분 유체의 증기압 추산과 밀도 계산에 있어서 좀 더 개선된 상태방정식을 개발하였다.

$$P=\frac{RT}{V-b}-\frac{a/\sqrt{T}}{V(V+b)} \tag{3.2.1}$$

위의 (3.2.1)식에 의하면 Redlich–Kwong 식은 반데르발스 식에 비해서 V^2항을 $V(V+b)$로 변형시킴으로써 액체의 밀도 계산의 정확성을 좀 더 개선하였으며, 분자간의 상호 인력항인 a를 온도의 제곱근에 반비례하도록 $a/\sqrt{T}$로 바꾸어서 유체의 증기압 추산을 좀 더 개선하였다. Redlich–Kwong 식은 PRO/II의 vax 버전인 PROCESS에서는 일부 사용되었으나 지금은 사용하지 않고 있으나 ASPEN PLUS에서는 액체 활동도계수 모델식과 함께 사용되고 있는 모델식이다.

3.2.1 Redlich–Kwong 상태방정식의 매개변수 a와 b값의 계산

우선 Redlich–Kwong 상태방정식은 다음과 같이 표현된다.

$$P=\frac{RT}{v-b}-\frac{a/T^{0.5}}{v(v+b)} \tag{3.2.2}$$

윗 식의 우변을 서로 통분하면 다음과 같다.

$$P=\frac{RTv(v+b)-\frac{a}{T^{0.5}}(v-b)}{v(v-b)(v+b)} \tag{3.2.3}$$

위의 식을 부피에 관해서 정리해 보자.

$$v(v^2-b^2)=\frac{RT}{P}v(v+b)-\frac{a}{RT^{0.5}}(v-b) \tag{3.2.4}$$

$$v^3-b^2v=\frac{RT}{P}v^2+\frac{bRT}{P}v-\frac{a}{PT^{0.5}}v+\frac{ab}{PT^{0.5}} \tag{3.2.5}$$

$$v^3-\frac{RT}{P}v^2+\left(\frac{a}{PT^{0.5}}-\frac{bRT}{P}-b^2\right)v-\frac{ab}{PT^{0.5}}=0 \tag{3.2.6}$$

위의 (3.2.6)식을 임계점에서 적용시켜 보면 다음식과 같이 된다.

$$(v-v_c)^3 = v^3 - 3v_cv^2 + 3v_c^2v - v_c^3 = 0 \tag{3.2.7}$$

(3.2.6)식과 (3.2.7)식은 임계점에서 서로 같은 식이므로 각 계수들을 비교하면 다음을 얻는다.

$$\frac{RT_c}{P_c} = 3v_c \tag{3.2.8}$$

$$\frac{a}{P_cT_c^{0.5}} - \frac{bRT_c}{P_c} - b^2 = 3v_c^2 \tag{3.2.9}$$

$$\frac{ab}{P_cT_c^{0.5}} = 3v_c^3 \tag{3.2.10}$$

(3.2.10)식과 (3.2.8)식을 (3.2.9)식에 대입하면 다음을 얻는다.

$$\frac{3v_c^3}{b} - 3bv_c - b^2 = 3v_c^2 \tag{3.2.11}$$

위의 (3.2.11)식을 정리하면 다음을 얻는다.

$$b^3 + 3v_cb^2 + 3v_c^2b - v_c^3 = 0 \tag{3.2.12}$$

3차방정식의 일반형은 다음과 같다.

$$y^3 + py^2 + qy + r = 0 \tag{3.2.13}$$

위의 (3.2.13)식에서 $y = x - \frac{p}{3}$를 대입하면 다음과 같다.

$$\left(x-\frac{p}{3}\right)^3+p\left(x-\frac{p}{3}\right)^2+q\left(x-\frac{p}{3}\right)+r=0 \tag{3.2.14}$$

$$\left(x-\frac{p}{3}\right)\left(x^2-\frac{2p}{3}x+\frac{p^2}{9}\right)+p\left(x^2-\frac{2p}{3}x+\frac{p^2}{9}\right)+q\left(x-\frac{p}{3}\right)+r=0 \tag{3.2.15}$$

$$x^3-px^2+\frac{p^2}{3}x-\left(\frac{p}{3}\right)^3+px^2-\frac{2p^2}{3}x+\frac{p^3}{9}+qx-\frac{pq}{3}+r=0 \tag{3.2.16}$$

(3.2.16)식을 정리하면 다음을 얻는다.

$$x^3+\left(q-\frac{1}{3}p^2\right)x+\left(\frac{2}{27}p^3-\frac{pq}{3}+r\right)=0 \tag{3.2.17}$$

위의 (3.2.17)식을 간략히 표현하면 다음과 같다.

$$x^3+\alpha x+\beta=0 \tag{3.2.18}$$

그러면 여기에서 α와 β는 다음과 같이 쓸 수 있다.

$$\alpha=\frac{1}{3}(3q-p^2) \tag{3.2.19}$$

$$\beta=\frac{1}{27}(2p^3-9pq+27r) \tag{3.2.20}$$

(3.2.18)식의 3차 방정식의 세 근은 다음과 같다.

$$x=A+B,\ -\frac{A+B}{2}+\frac{A-B}{2}\sqrt{-3},\ -\frac{A+B}{2}-\frac{A-B}{2}\sqrt{-3}$$

그리고 A와 B는 다음과 같다.

$$A = \sqrt[3]{-\frac{\beta}{2} + \sqrt{\frac{\beta^2}{4} + \frac{\alpha^3}{27}}} \tag{3.2.21}$$

$$B = -\sqrt[3]{+\frac{\beta}{2} + \sqrt{\frac{\beta^2}{4} + \frac{\alpha^3}{27}}} \tag{3.2.22}$$

여기에서 (3.2.12)식과 (3.2.13)식을 비교하면 다음을 얻는다.

$$b = y \tag{3.2.23}$$

$$p = 3v_c \tag{3.2.24}$$

$$q = 3v_c^2 \tag{3.2.25}$$

$$r = -v_c^3 \tag{3.2.26}$$

이로부터 α와 β를 구하면 다음과 같다.

$$\alpha = \frac{1}{3}(9v_c^2 - 9v_c^2) = 0 \tag{3.2.27}$$

$$\beta = \frac{1}{27}(2p^3 - 9pq + 27r) = \frac{1}{27}(2\times27v_c^3 - 9\times3v_c^3 - 27v_c^3) = -2v_c^3 \tag{3.2.28}$$

(27)과 (28)식을 이용해서 A와 B를 구하면 다음과 같다.

$$A = \sqrt[3]{-\frac{\beta}{2} + \sqrt{\frac{\beta^2}{4} + \frac{\alpha^3}{27}}} = \sqrt[3]{-\frac{\beta}{2} + \frac{\beta}{2}} = 0 \tag{3.2.29}$$

$$B = -\sqrt[3]{+\frac{\beta}{2} + \sqrt{\frac{\beta^2}{4} + \frac{\alpha^3}{27}}} = \sqrt[3]{+\frac{\beta}{2} + \frac{\beta}{2}} = \sqrt[3]{\beta} = \sqrt[3]{-2v_c^3} = \sqrt[3]{2}\,v_c \tag{3.2.30}$$

따라서 b에 관한 표현식은 다음과 같아진다.

$$b = x - \frac{p}{3} = A + B - \frac{3v_c}{3} = 0 + 2^{1/3}v_c - v_c = (2^{1/3} - 1)v_c \qquad (3.2.31)$$

위의 식은 (3.2.8)식과 연립해서 다음과 같아진다.

$$b = (2^{1/3} - 1)\frac{RT_c}{3P_c} = 0.086640\frac{RT_c}{P_c} \qquad (3.2.32)$$

a에 관한 표현식을 구하기 위해서 (3.2.10)식을 변형한다.

$$a = \frac{P_c T_c^{0.5}}{b} v_c^3 = \frac{P_c T_c^{0.5}}{(2^{1/3} - 1)v_c} v_c^3 = \frac{P_c T_c^{0.5}}{(2^{1/3} - 1)}\left(\frac{RT_c}{3P_c}\right)^2 = 0.427480\frac{R^2 T_c^{2.5}}{P_c} \qquad (3.2.33)$$

3.2.2 Redlich-Kwong상태방정식의 변형

이제 반데르발스 상태방정식을 압축인자 Z의 함수로 유도한 것처럼 Redlich-Kwong식의 경우에도 압축인자의 함수로 유도해 보자. 원식 (3.2.2)를 부피, v에 관해서 정리하기 위해서 통분하면,

$$P = \frac{RT^{1.5}V(V+b) - a(V-b)}{(V-b)\sqrt{T}V(V+b)} \qquad (3.2.34)$$

$$V^2(V-b) = \frac{RT}{P}V(V+b) - \frac{a}{P\sqrt{T}}(V-b) \qquad (3.2.35)$$

$$V^3 - bV^2 = \frac{RT}{P}V^2 + \frac{bRT}{P}V - \frac{a}{P\sqrt{T}}V + \frac{ab}{P\sqrt{T}} \qquad (3.2.36)$$

위의 (3.2.36)식을 정리하면 다음을 얻는다.

$$V^3 - \frac{RT}{P}V^2 + \left(\frac{a}{P\sqrt{T}} - \frac{bRT}{P} - b^2\right)V - \frac{ab}{P\sqrt{T}} = 0 \qquad (3.2.37)$$

위의 (3.2.37)식의 양변에 $\left(\frac{P}{RT}\right)^3$을 곱하면

$$\left(\frac{Pv}{RT}\right)^3-\left(\frac{Pv}{RT}\right)^2+\left(\frac{aP}{R^2T^{2.5}}-\frac{bP}{RT}-\frac{b^2P^2}{R^2T^2}\right)\left(\frac{Pv}{RT}\right)-\frac{abP^2}{R^3T^{3.5}}=0$$

(3.2.38)

위의 (3.2.38)식에서 $\frac{Pv}{RT}=Z$이므로, (3.2.38)식은 다음과 같다.

$$Z^3-Z^2+\left(\frac{aP}{R^2T^{2.5}}-\frac{bP}{RT}-\frac{b^2P^2}{R^2T^2}\right)Z-\frac{abP^2}{R^3T^{3.5}}=0 \quad (3.2.39)$$

위의 (3.2.39)을 변형하면 다음과 같이 쓸 수 있다.

$$Z^3-Z^2+(A-B-B^2)Z-AB=0 \quad (3.2.40)$$

위의 (3.2.40)식에서 A와 B는 각각 다음과 같다.

$$A=\frac{aP}{R^2T^{2.5}} \quad (3.2.41)$$

$$B=\frac{bP}{RT} \quad (3.2.42)$$

3.3 Soave-Redlich-Kwong (SRK) 상태방정식 (1972년)

순수성분의 증기압 추산을 좀 더 개선하기 위해서 1955년에 Pitzer가 다음과 같은 편심인자에 관한 식을 제안하였다.

$$\omega=-1.0-\log\left(P_r^{sat}\right)_{T_r=0.7} \quad (3.3.1)$$

위의 (3.3.1)식의 편심인자라고 하는 것은 순수한 성분의 끓는점, 분자량, 극성 등의 특성을 포괄적으로 나타내 주는 인자라고 할 수 있다. 아래의 Table 3에는 여러 가지 순수한 성분들의 편심인자 값을 나타내었다. 아르곤이나 네온등과 같이 비활성 기체의 경우에는 그 값이 0이고 극성분자인 아세트산이나 물의 경우에는 편심인자 값이 영에서 벗어나서 다소 큰 값을 나타낸다. 또한 노말 부탄과 같이 분자가 길어져서 원형에서 벗어날수록 편심인자 값은 커진다. 즉, 편심인자 값은 완전 구형과 비극성에서 벗어나는 정도에 따라서 그 값은 커진다.

[표3.3.1] 여러 가지 순수한 성분에 대한 임계물성과 편심인자

Component	T_c / K	P_c / bar	Z_c	ω
Methane	190.6	46.0	0.288	0.008
Ethane	305.4	48.8	0.285	0.098
Propane	369.8	42.5	0.281	0.152
N-butane	425.2	38.0	0.274	0.193
Acetic Acid	594.4	57.9	0.200	0.454
Argon	15.08	48.7	0.291	0.000
Neon	44.4	27.6	0.311	0.000
Carbon Dioxide	304.2	73.8	0.274	0.225
Water	647.3	220.5	0.229	0.344

SRK 상태방정식은 대다수의 공정모사기에 내장되어 있는 모델식으로 뒤이어 소개할 Peng-Robinson 상태방정식과 함께 탄화수소 계열의 상평형 추산에 가장 많이 쓰이는 모델식으로 Redlich-Kwong 식을 약간 수정하여 다음과 같이 표현된다.

$$P = \frac{RT}{V-b} - \frac{a\alpha}{V(V+b)} \tag{3.3.2}$$

여기에서

$$a = 0.42747\frac{R^2 T_c^2}{P_c} \tag{3.3.3}$$

$$b = 0.08664\frac{RT_c}{P_c} \quad (3.3.4)$$

$$\alpha = [1+(0.48508+1.55171\omega - 0.15613\omega^2)(1-T_r^{0.5})]^2 \quad (3.3.5)$$

Soave가 변형한 상태방정식은 편심인자를 도입함으로써 반데르발스 식이나 Redlich-Kwong식보다 액체의 증기압 추산을 좀 더 개선시켰다. 실제로 Soave가 제안한 상태방정식을 이용해서 322K에서 Methyl Chloride의 증기압을 추산해 보면 10.61atm로써 실험치인 10.49atm과 매우 근사한 값을 추산한다.

3.3.1 Soave-Redlich-Kwong 상태방정식의 매개변수 a와 b값의 계산

우선 Soave-Redlich-Kwong 상태방정식은 다음과 같이 표현된다.

$$P = \frac{RT}{v-b} - \frac{a}{v(v+b)} \quad (3.3.6)$$

윗식의 우변을 서로 통분하면 다음과 같다.

$$P = \frac{RTv(v+b) - a(v-b)}{v(v-b)(v+b)} \quad (3.3.7)$$

위의 식을 부피에 관해서 정리해 보자.

$$v(v^2-b^2) = \frac{RT}{P}v(v+b) - \frac{a}{P}(v-b) \quad (3.3.8)$$

$$v^3 - b^2v = \frac{RT}{P}v^2 + \frac{bRT}{P}v - \frac{a}{P}v + \frac{ab}{P} \quad (3.3.9)$$

$$v^3 - \frac{RT}{P}v^2 + \left(\frac{a}{P} - \frac{bRT}{P} - b^2\right)v - \frac{ab}{P} = 0 \quad (3.3.10)$$

위의 (3.3.10) 임계점에서 적용시켜 보면 다음식과 같이 된다.

$$(v-v_c)^3 = v^3-3v_cv^2+3v_c^2v-v_c^3 = 0 \qquad (3.3.11)$$

(3.3.10)와 (3.3.11)식은 임계점에서 서로 같은 식이므로 각 계수들을 비교하면 다음을 얻는다.

$$\frac{RT_c}{P_c} = 3v_c \qquad (3.3.12)$$

$$\frac{a}{P_c}-\frac{bRT_c}{P_c}-b^2 = 3v_c^2 \qquad (3.3.13)$$

$$\frac{ab}{P_c} = 3v_c^3 \qquad (3.3.14)$$

(3.3.14)식과 (3.3.12)식을 (3.3.13)식에 대입하면 다음을 얻는다.

$$\frac{3v_c^3}{b}-3bv_c-b^2 = 3v_c^2 \qquad (3.3.15)$$

위의 (3.3.15)식을 정리하면 다음을 얻는다.

$$b^3+3v_cb^2+3v_c^2b-v_c^3 = 0 \qquad (3.3.16)$$

3차방정식의 일반형은 다음과 같다.

$$y^3+py^2+qy+r = 0 \qquad (3.3.17)$$

위의 (3.3.17)식에서 $y = x-\frac{p}{3}$를 대입하면 다음과 같다.

$$\left(x-\frac{p}{3}\right)^3+p\left(x-\frac{p}{3}\right)^2+q\left(x-\frac{p}{3}\right)+r = 0 \tag{3.3.18}$$

$$\left(x-\frac{p}{3}\right)\left(x^2-\frac{2p}{3}x+\frac{p^2}{9}\right)+p\left(x^2-\frac{2p}{3}x+\frac{p^2}{9}\right)+q\left(x-\frac{p}{3}\right)+r = 0 \tag{3.3.19}$$

$$x^3-px^2+\frac{p^2}{3}x-\left(\frac{p}{3}\right)^3+px^2-\frac{2p^2}{3}x+\frac{p^3}{9}+qx-\frac{pq}{3}+r = 0 \tag{3.3.20}$$

(3.3.20)식을 정리하면 다음을 얻는다.

$$x^3+\left(q-\frac{1}{3}p^2\right)x+\left(\frac{2}{27}p^3-\frac{pq}{3}+r\right) = 0 \tag{3.3.21}$$

위의 (3.3.21)식을 간략히 표현하면 다음과 같다.

$$x^3+\alpha x+\beta = 0 \tag{3.3.22}$$

그러면 여기에서 α와 β는 다음과 같이 쓸 수 있다.

$$\alpha = \frac{1}{3}(3q-p^2) \tag{3.3.23}$$

$$\beta = \frac{1}{27}(2p^3-9pq+27r) \tag{3.3.24}$$

(3.3.22)식의 3차방정식의 세근은 다음과 같다.

$$x = A+B,\quad -\frac{A+B}{2}+\frac{A-B}{2}\sqrt{-3},\quad -\frac{A+B}{2}-\frac{A-B}{2}\sqrt{-3}$$

그리고 A와 B는 다음과 같다.

$$A = \sqrt[3]{-\frac{\beta}{2}+\sqrt{\frac{\beta^2}{4}+\frac{\alpha^3}{27}}} \tag{3.3.25}$$

$$B = -\sqrt[3]{+\frac{\beta}{2}+\sqrt{\frac{\beta^2}{4}+\frac{\alpha^3}{27}}} \tag{3.3.26}$$

여기에서 (3.3.16)식과 (3.3.17)식을 비교하면 다음을 얻는다.

$$b = y \tag{3.3.27}$$

$$p = 3v_c \tag{3.3.28}$$

$$q = 3v_c^2 \tag{3.3.29}$$

$$r = -v_c^3 \tag{3.3.30}$$

이로부터 α와 β를 구하면 다음과 같다.

$$\alpha = \frac{1}{3}(9v_c^2 - 9v_c^2) = 0 \tag{3.3.31}$$

$$\beta = \frac{1}{27}(2p^3 - 9pq + 27r) = \frac{1}{27}(2\times 27v_c^3 - 9\times 3v_c^3 - 27v_c^3) = -2v_c^3 \tag{3.3.32}$$

(3.3.31)과 (3.3.32)식을 이용해서 A와 B를 구하면 다음과 같다.

$$A = \sqrt[3]{-\frac{\beta}{2}+\sqrt{\frac{\beta^2}{4}+\frac{\alpha^3}{27}}} = \sqrt[3]{-\frac{\beta}{2}+\frac{\beta}{2}} = 0 \tag{3.3.33}$$

$$B = -\sqrt[3]{+\frac{\beta}{2}+\sqrt{\frac{\beta^2}{4}+\frac{\alpha^3}{27}}} = \sqrt[3]{+\frac{\beta}{2}+\frac{\beta}{2}} = \sqrt[3]{\beta} = \sqrt[3]{-2v_c^3} = \sqrt[3]{2}\,v_c \tag{3.3.34}$$

따라서 b에 관한 표현식은 다음과 같아진다.

$$b = x - \frac{p}{3} = A + B - \frac{3v_c}{3} = 0 + 2^{1/3} v_c - v_c = (2^{1/3} - 1) v_c \qquad (3.3.35)$$

위의 식은 (3.3.12)식과 연립해서 다음과 같아진다.

$$b = (2^{1/3} - 1) \frac{RT_c}{3P_c} = 0.086640 \frac{RT_c}{P_c} \qquad (3.3.36)$$

a에 관한 표현식을 구하기 위해서 (3.3.149)식을 변형한다.

$$a = \frac{P_c T_c^{0.5}}{b} v_c^3 = \frac{P_c T_c^{0.5}}{(2^{1/3} - 1) v_c} v_c^3 = \frac{P_c T_c^{0.5}}{(2^{1/3} - 1)} \left(\frac{RT_c}{3P_c} \right)^2 = 0.427480 \frac{R^2 T_c^{2.5}}{P_c} \qquad (3.3.37)$$

3.3.2 Soave-Redlich-Kwong 상태방정식의 변형

SRK 상태방정식에 대한 압축인자 Z의 함수로의 유도도 Redlich-Kwong식의 유도과정과 완전히 같으므로 여기에서도 결과식만 쓰기로 한다.

$$Z^3 - (B+1)Z^2 + AZ - AB = 0 \qquad (3.3.38)$$

위의 (3.3.38)식에서 A와 B는 각각 다음과 같다.

$$A = \frac{a\alpha P}{R^2 T^2} \qquad (3.3.39)$$

$$B = \frac{bP}{RT} \qquad (3.3.40)$$

3.4 Peng-Robinson (PR) 상태방정식 (1976년)

앞 절에서 SRK 상태방정식은 RK 상태방정식에서 α 함수를 도입하므로써 유체의 증기압 추산은 상당히 개선하였으나 임계 압축인자 값인 Z_c는 0.333으로 실제 실험 데이터보다 너무 크게 예측되어 그 결과 액체의 밀도 계산에 큰 오차가 수반된다는 데에 착안하여 1976년에 Peng과 Robinson이 임계점에서의 압축인자 값을 0.3075가 되도록 Functional Form을 다음과 같이 변형하였다.

$$P = \frac{RT}{V-b} - \frac{a\alpha}{V(V+b)+b(V-b)} \tag{3.4.1}$$

여기에서

$$a = 0.45724\frac{R^2T_c^2}{P_c} \tag{3.4.2}$$

$$b = 0.07780\frac{RT_c}{P_c} \tag{3.4.3}$$

$$\alpha = [1+(0.37464+1.54226\omega-0.26992\omega^2)(1-T_r^{0.5})]^2 \tag{3.4.4}$$

PR식은 Soave가 변형한 Redlich-Kwong 상태방정식보다 액상의 밀도 계산에서 탄소개수가 6개에서 10개 사이의 중간영역의 탄화수소 계열에 대해서 좀 더 우수하지만 여전히 액상의 밀도를 잘 추산하지 못하기 때문에, 비록 PR식이나 SRK식을 모사기에서 선정한다 하더라도 ASPEN PLUS에서는 Default로 Rackett Method를 PRO/II에서는 API Method를 액상의 밀도 계산에 사용하고 있다.

3.4.1 Peng-Robinson 상태방정식의 파라미터 a와 b의 계산

우선 Peng-Robinson 상태방정식은 다음과 같이 표현된다.

$$P = \frac{RT}{v-b} - \frac{a}{v(v+b)+b(v-b)} = \frac{RT}{v-b} - \frac{a}{v^2+2bv-b^2} \qquad (3.4.5)$$

윗 식은 임계점에서 다음 조건을 만족해야 한다.

$$\left(\frac{\partial P}{\partial v}\right)_T = \left(\frac{\partial^2 P}{\partial v^2}\right)_T = 0 \qquad (3.4.6)$$

$$\left(\frac{\partial P}{\partial v}\right)_T = -\frac{RT}{(v-b)^2} + \frac{2a(v+b)}{(v^2+2bv-b^2)^2} \qquad (3.4.7)$$

$$\begin{aligned}\left(\frac{\partial^2 P}{\partial v^2}\right)_T &= \frac{2RT}{(v-b)^3} + 2a\left[\frac{(v^2+2bv-b^2)^2-(v+b)(2)(v^2+2bv-b^2)(2)(v+b)}{(v^2+2bv-b^2)^4}\right] \\ &= \frac{2RT}{(v-b)^3} + 2a\left[\frac{1}{(v^2+2bv-b^2)^2} - \frac{4(v+b)^2}{(v^2+2bv-b^2)^3}\right]\end{aligned} \qquad (3.4.8)$$

위의 (3.4.7)식을 0으로 놓고 풀면 다음을 얻는다.

$$\frac{RT}{(v-b)^2} = \frac{2a(v+b)}{(v^2+2bv-b^2)^2} \qquad (3.4.9)$$

위의 (3.4.9)식을 a에 관해서 정리하면 다음을 얻는다.

$$a = \frac{RT(v^2+2bv-b^2)^2}{2(v-b)^2(v+b)} \qquad (3.4.10)$$

위의 (3.4.8)식을 정리해서 다시 쓰면 다음과 같다.

$$-\frac{2RT}{(v-b)^3} = 2a\left[\frac{1}{(v^2+2bv-b^2)^2} - \frac{4(v+b)^2}{(v^2+2bv-b^2)^3}\right] \quad (3.4.11)$$

위의 (3.4.10)식에 a를 (3.4.11)식에 대입하면 다음을 얻는다.

$$-\frac{2RT}{(v-b)^3} = \frac{RT(v^2+2bv-b^2)^2}{(v-b)^2(v+b)}\left[\frac{1}{(v^2+2bv-b^2)^2} - \frac{4(v+b)^2}{(v^2+2bv-b^2)^3}\right] \quad (3.4.12)$$

양변을 RT로 나누면 다음을 얻는다.

$$0 = \frac{2}{(v-b)^3} + \frac{(v^2+2bv-b^2)^2}{(v-b)^2(v+b)}\left[\frac{1}{(v^2+2bv-b^2)^2} - \frac{4(v+b)^2}{(v^2+2bv-b^2)^3}\right] \quad (3.4.13)$$

(3.4.13)식의 우변을 정리하면 다음과 같다.

$$0 = \frac{2}{(v-b)^3} + \frac{1}{(v-b)^2(v+b)} - \frac{4(v+b)}{(v-b)^2(v^2+2bv-b^2)} \quad (3.4.14)$$

(3.4.14)식의 양변을 $(v-b)^3(v+b)(v^2+2bv-b^2)$으로 곱하면 다음과 같다.

$$0 = 2(v+b)(v^2+2bv-b^2)+(v-b)(v^2+2bv-b^2)-4(v-b)(v+b)^2 \quad (3.4.15)$$

$$0 = 2(v^3+3bv^2+b^2v-b^3)+(v^3+bv^2-3b^2v+b^3)-4(v^3+bv^2-b^2v-b^3) \quad (3.4.16)$$

$$0 = -v^3+3bv^2+3b^2v+3b^3 \quad (3.4.17)$$

위의 (3.4.17)식을 임계조건에서 다시 b에 관해서 정리하면 다음과 같은 3차방정식을 얻는다.

$$b^3 + v_c b^2 + v_c^2 b - \frac{v_c^3}{3} = 0 \tag{3.4.18}$$

3차방정식의 일반형은 다음과 같다.

$$y^3 + py^2 + qy + r = 0 \tag{3.4.19}$$

위의 (3.4.16)식에서 $y = x - \frac{p}{3}$를 대입하면 다음과 같다.

$$\left(x - \frac{p}{3}\right)^3 + p\left(x - \frac{p}{3}\right)^2 + q\left(x - \frac{p}{3}\right) + r = 0 \tag{3.4.20}$$

$$\left(x - \frac{p}{3}\right)\left(x^2 - \frac{2p}{3}x + \frac{p^2}{9}\right) + p\left(x^2 - \frac{2p}{3}x + \frac{p^2}{9}\right) + q\left(x - \frac{p}{3}\right) + r = 0 \tag{3.4.21}$$

$$x^3 - px^2 + \frac{p^2}{3}x - \left(\frac{p}{3}\right)^3 + px^2 - \frac{2p^2}{3}x + \frac{p^3}{9} + qx - \frac{pq}{3} + r = 0 \tag{3.4.22}$$

(3.4.22)식을 정리하면 다음을 얻는다.

$$x^3 + \left(q - \frac{1}{3}p^2\right)x + \left(\frac{2}{27}p^3 - \frac{pq}{3} + r\right) = 0 \tag{3.4.23}$$

위의 (3.4.23)식을 간략히 표현하면 다음과 같다.

$$x^3 + \alpha x + \beta = 0 \tag{3.4.24}$$

그러면 여기에서 α와 β는 다음과 같이 쓸 수 있다.

$$\alpha = \frac{1}{3}(3q - p^2) \tag{3.4.25a}$$

$$\beta = \frac{1}{27}(2p^3 - 9pq + 27r) \tag{3.4.25b}$$

(3.4.24)식의 3차방정식의 세근은 다음과 같다.

$$x = A+B,\ -\frac{A+B}{2} + \frac{A-B}{2}\sqrt{-3},\ -\frac{A+B}{2} - \frac{A-B}{2}\sqrt{-3}$$

그리고 A와 B는 다음과 같다.

$$A = \sqrt[3]{-\frac{\beta}{2} + \sqrt{\frac{\beta^2}{4} + \frac{\alpha^3}{27}}} \tag{3.4.26}$$

$$B = -\sqrt[3]{+\frac{\beta}{2} + \sqrt{\frac{\beta^2}{4} + \frac{\alpha^3}{27}}} \tag{3.4.27}$$

여기에서 (3.4.26)식과 (3.4.27)식을 비교하면 다음을 얻는다.

$$b = y \tag{3.4.28}$$

$$p = v_c \tag{3.4.29}$$

$$q = v_c^2 \tag{3.4.30}$$

$$r = -\frac{v_c^3}{3} \tag{3.4.31}$$

이로부터 α와 β를 구하면 다음과 같다.

$$\alpha = \frac{1}{3}(3v_c^2 - v_c^2) = \frac{2}{3}v_c^2 \tag{3.4.32}$$

$$\beta = \frac{1}{27}(2p^3 - 9pq + 27r) = \frac{1}{27}(2v_c^3 - 9v_c^3 - 9v_c^3) = -\frac{16}{27}v_c^3 \tag{3.4.33}$$

(3.4.32)과 (3.4.33)식을 이용해서 A와 B를 구하면 다음과 같다.

$$-\frac{\beta}{2} = -\frac{8}{27}v_c^3 \tag{3.4.34}$$

$$\begin{aligned}
\sqrt{-\frac{\beta^2}{4}+\frac{\alpha^3}{27}} &= \left[\frac{\left(-\frac{16v_c^3}{27}\right)^2}{4}+\frac{\left(\frac{2v_c^2}{3}\right)^3}{4}\right]^{1/2} \\
&= \left[\frac{4^{4}\times v_c^6}{3^{6}\times 4}+\frac{2^{3}\times v_c^6}{3^{3}\times 3^3}\right]^{1/2} \\
&= \left[\frac{2^{6}\times v_c^6}{3^{6}}+\frac{2^{3}\times v_c^6}{3^{6}}\right]^{1/2} \\
&= \left[\frac{2^{3}\times v_c^6(2^{3}+1)}{3^6}\right]^{1/2} \\
&= \frac{2\sqrt{2}\,v_c^3(2^{3}+1)^{1/2}}{3^3} \\
&= \frac{2\sqrt{2}}{9}v_c^3
\end{aligned} \tag{3.4.35}$$

$$\begin{aligned}
A &= \sqrt[3]{-\frac{\beta}{2}+\sqrt{\frac{\beta^2}{4}+\frac{\alpha^3}{27}}} = \sqrt[3]{\frac{8}{27}v_c^3+\frac{2\sqrt{2}}{9}v_c^3} \\
&= \sqrt[3]{\frac{8}{27}v_c^3+\frac{6\sqrt{2}}{27}v_c^3} = \sqrt[3]{\frac{1}{27}v_c^3(8+6\sqrt{2})} = \frac{v_c}{3}\sqrt[3]{8+6\sqrt{2}}
\end{aligned} \tag{3.4.36}$$

$$B = -\sqrt[3]{+\frac{\beta}{2}+\sqrt{\frac{\beta^2}{4}+\frac{\alpha^3}{27}}} = \sqrt[3]{-\frac{8}{27}v_c^3+\frac{2\sqrt{2}}{9}v_c^3}$$

$$= -\sqrt[3]{-\frac{8}{27}v_c^3+\frac{6\sqrt{2}}{27}v_c^3} = -\sqrt[3]{\frac{1}{27}v_c^3(-8+6\sqrt{2})} = -\frac{v_c}{3}\sqrt[3]{-8+6\sqrt{2}} \tag{3.4.37}$$

따라서 b에 관한 표현식은 다음과 같아진다.

$$b = x - \frac{p}{3} = A + B - \frac{v_c}{3}$$

$$= \frac{v_c}{3}\sqrt[3]{8+6\sqrt{2}} - \frac{v_c}{3}\sqrt[3]{-8+6\sqrt{2}} - \frac{v_c}{3} = \frac{v_c}{3}\left(\sqrt[3]{8+6\sqrt{2}} - \sqrt[3]{-8+6\sqrt{2}} - 1\right) \tag{3.4.38}$$

따라서 위의 식 (3.4.38)를 정리하면 다음과 같다.

$$b = 0.253077 v_c \tag{3.4.39}$$

그런데 임계부피 v_c는 다음과 같다.

$$b = 0.253077 Z_c \frac{RT_c}{P_c} \tag{3.4.40}$$

위의 (3.4.40)식을 (3.4.29)식에 대입하면

$$b = 0.253077 Z_c \frac{RT_c}{P_c} \tag{3.4.41}$$

이제 a에 대한 표현식을 구하기 위해서 위의 (3.4.41)식을 (3.4.6)식의 임계조건에 대입하면 다음을 얻는다.

$$a = \frac{RT_c[(v_c^2 + 2(0.253077)v_c^2 - (0.253077 v_c)^2]}{2(v_c - 0.253077 v_c)^2 (v_c + 0.253077 v_c)}$$

$$= \frac{2.07967 RT_c v_c^4}{1.39817 v_c^3} = 1.487423 RT_c v_c \quad (3.4.42)$$

위의 (3.4.42)식을 정리하면 다음을 얻는다.

$$a = 1.487423 \frac{R^2 T_c^2 Z_c}{P_c} \quad (3.4.43)$$

이제 임계점에서 압축인자 Z_c를 구하기 위해 다음식에 a와 b를 대입해 보자.

$$Z_c = \frac{P_c v_c}{RT_c} = \frac{v_c}{v_c - b} - \frac{a v_c}{RT_c (v_c^2 + 2bv_c - b^2)} \quad (3.4.44)$$

$$Z_c = \frac{v_c}{v_c(1-0.253077)} - \frac{1.48742 RT_c v_c^2}{RT_c v_c^2[1+2(0.253077)-(0.253077)^2]}$$
$$= \frac{1}{(1-0.253077)} - \frac{1.48742}{[1+2(0.253077)-(0.253077)^2]} \quad (3.4.45)$$

최종적으로,

$$Z_c = 0.3074 \quad (3.4.46)$$

이 얻어진다.

그러면 (3.4.46)식을 (3.4.45)식에 대입하면 b를 T_c와 P_c의 함수로 구할 수 있다.

$$b = 0.07780 \frac{RT_c}{P_c} \quad (3.4.47)$$

또한 (3.4.47)식을 (3.4.43)식에 대입하면 a를 T_c와 P_c의 함수로 구할 수 있다.

$$a = 0.45723\frac{R^2T_c^2}{P_c} \tag{3.4.48}$$

3.4.2 Peng-Robinson 상태방정식의 변형

SRK 상태방정식에 대한 압축인자 Z의 함수로의 유도도 Redlich-Kwong식의 유도과정과 완전히 같으므로 여기에서도 결과식만 쓰기로 한다.

$$Z^3-(1-B)Z^2+(A-3B^2-2B)Z-(AB-B^2-B^3) = 0 \tag{3.4.49}$$

위의 (3.4.49)식에서 A와 B는 각각 다음과 같다.

$$A = \frac{a\alpha P}{R^2T^2} \tag{3.4.50}$$

$$B = \frac{bP}{RT} \tag{3.4.51}$$

3.5 일반적인 2 매개변수 삼차형 상태방정식

a, b 두 개의 매개변수를 갖는 모든 3차형 상태방정식은 다음과 같이 일반화할 수 있다.

$$P = \frac{RT}{V-b} - \frac{a(T)}{V^2+ubV+wb^2} \tag{3.5.1}$$

[표 3.5.1] 몇 가지 3차형 상태방정식에 대한 u와 w값과 Zc

Equation	u	w	Z_c
van der Waals	0	0	0.3750
Redlich-Kwong	1	0	0.3333
Soave-Redlich-Kwong	1	0	0.3333
Peng-Robinson	-2	-1	0.3074

위의 표 3.5.1에 의하면 임계점에서의 압축인자 값이 모두 0.3을 넘는다. 그런데 실제 유체의 실험적인 임계 압축인자 값은 CH4가 0.2880, C2H6가 0.2840이고 C3H8이 0.2800으로 0.3을 넘지 않는다. 하지만 SRK 상태방정식이나 PR 상태방정식이 대다수의 화학공정 모사기에서 여전히 사용되고 있는데 그 이유는 화학공정의 모사에 있어서 중요한 것은 K-value의 정확한 추산이지 액체의 밀도 계산이 아니기 때문이다. 또한 앞에서 밝힌 바와 같이 SRK나 PR식을 선정한다 하더라도 PRO/II에서는 액체의 밀도 계산에 API Method를 ASPEN PLUS에서는 Rackett Method를 Default로 사용하고 있다. 지금까지 제시한 Two Parameter 삼차형 상태방정식 이외에 임계점에서의 압축인자 값을 성분에 의존적으로 정의한 Three Parameter 삼차형 상태방정식도 많이 제안되고 있으나 이는 액체의 밀도 추산에 있어서는 다소 정확도가 개선되기는 하나 순수 성분의 증기압이나 혼합물의 K-value 계산에 있어서는 Two Parameter 삼차형 상태방정식보다 그다지 큰 개선효과를 내지 못한다. 그리고 Three Parameter 삼차형 상태방정식은 본 고에서 주로 사용하고 있는 ASPEN PLUS나 PRO/II에서 모델로 내장되어 있지 않으므로 여기서는 자세한 소개는 생략하기로 한다.

3.6 순수성분의 증기압을 잘 추산하기 위한 Alpha Functions

삼차형 상태방정식의 온도에 의존적인 $a(T)$는 다시 쓰면 다음과 같이 쓸 수 있다.

$$a(T) = a(T_c)\alpha(T) \tag{3.6.1}$$

위의 (3.6.1)식에서 분자간의 인력을 나타내는 온도에 의존적인 $a(T)$를 두 항의 곱으로 표시하는 이유는 다음과 같다. 우선 (3.3.5)식에 나타낸 Soave의 Original Alpha Form은 틀렸다. 그 이유는 (3.3.5)식은 원리상 2차 방정식이므로 포물선의 모양을 갖는데 이는 환산온도가 증가하면 $a(T)$는 다시 증가하는데 이렇게 되면 온도가 증가하면 분자간의 상호작용 에너지가 다시 증가하게 되어 실상과 맞지 않는다. 다음 [그림 3.6.1]을 보자. 아래 [그림 3.6.1]은 수소에 대한 Alpha 값을 수소의 환산온도의 함수로 나타낸 것이다. 수소는 임계온도가 낮기 때문에 수소를 많이 사용하고 온도가 높은 NCC 공정의 경우에는 Original Alpha Form이 맞지 않을 수 있다. 두 번째 이유로는 (3.3.5)식의 Omega값 앞의 계수들의 Regression에 참여한 성분들이 주로 탄화수소와 이산화탄소, 질소 등 약 20여 가지로 제한되어 있기 때문에 SRK나 PR 식과 같은 상태방정식의 적용을 비이상성이 강한 Chemical Compounds들이 상평형을 예측하는데 사용하는 것을 제한해 왔다. 따라서 현재부터의 추세는 새로운 Alpha Form을 여러 가지로 제안해서 순수 성분의 온도에 따른 실험적인 증기압을 Regression해서 그 계수들을 성분에 의존적인 값으로 새로이 정의하는 경향이다. 새로운 Alpha Form이 갖추어야 할 기본적인 조건들은 다음과 같다.

1. The α function must be finite and positive for all temperatures.
2. The α function must equal unity at the critical point.
3. The α function must approach a finite value as the temperature approaches infinity.

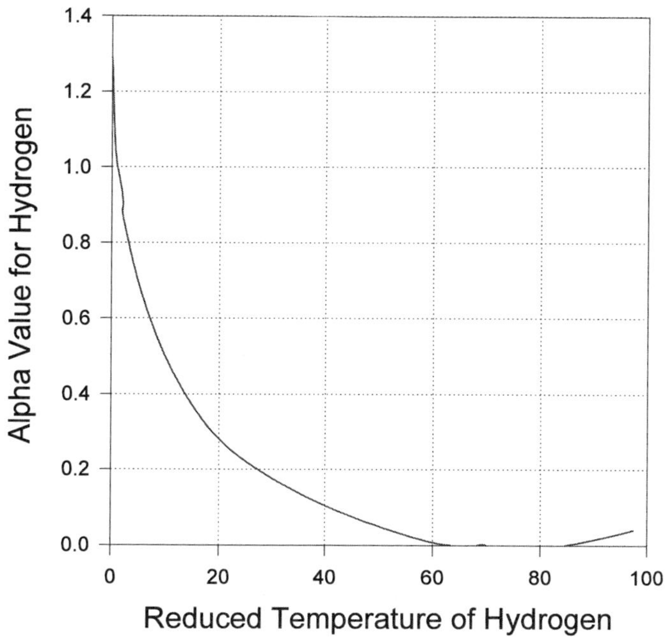

[그림 3.6.1] 수소에 대한 환산온도에 대한 alpha 값의 도시

상태방정식을 이용해서 액체의 증기압을 좀 더 잘 추산하기 위해서 도입된 식이 바로 Alpha Function이다. 최초의 Alpha Function은 반데르발스 상태방정식에서 상호인력을 나타내는 항인 매개변수 a가 온도에 반비례함에도 상수로 표현된 것을 보정하기 위한 Redlich Kwong식에서 다음과 같이 나타낼 수 있다.

$$\alpha = \frac{a}{\sqrt{T}} \tag{3.6.2}$$

그리고 그 이후에 Pitzer의 편심인자가 도입되어 이를 Soave가 제안한 상태방정식에 나타낸 것으로 다음식과 같이 쓸 수 있다.

$$\alpha = [1+(0.48508+1.55171\omega-0.15613\omega^2)(1-T_r^{0.5})]^2 \qquad (3.6.3)$$

그런데, Soave가 제안한 Alpha Function은 원리상 틀렸다. 왜냐하면 Alpha 값은 온도가 증가할 때 감소하여 온도가 무한대가 되면 영에 수렴해야 하는데 함수의 형태상 다시 증가하도록 되어 있기 때문이다. 이것은 수소와 같이 임계온도가 낮고 NCC 공정에서는 수소가 다량이고 운전온도는 600℃ 이상이므로 이렇게 되면 실제로는 분자간의 상호인력이 매우 작아야 함에도 불구하고 인력 항이 크게 추산될 것이다. 이것은 뒤에 상태방정식의 혼합규칙을 변형하여 과거에 탄화수소 계열의 기액 상평형 추산에만 주로 이용했던 것은 그 적용범위를 비이상성이 큰 성분들 간의 상평형 추산에 상태방정식을 이용하기 위해서 새로운 Alpha Function을 도입할 필요가 있게 된다. 따라서 앞으로의 추세는 편심인자를 도입하여 편심인자 앞의 계수를 모든 성분에 대해 동일한 값을 적용하는 것이 아니라 모든 성분에 대해 온도에 따른 증기압 실험 데이터를 회귀 분석하여 Alpha Function에 대한 계수를 성분마다 다르게 정의하는 것이다. 표 5.4에는 여러 가지 Alpha Function들을 나타내었다.

[표 3.6.1] PRO/II에 내장되어 있는 Alpha Formulations

Form	Equations	References
01	$\alpha = [1+C_1(1-T_r^{0.5})]^2$	Soave (1972)
02	$\alpha = [C_1+C_2(1-T_r^{C_3})]^2$	Peng-Robinson (1980)
03	$\alpha = 1+(1-T_r)\left(C_1+\frac{C_2}{T_r}\right)$	Soave (1979)
04	$\alpha = \exp[C_1(1-T_r^{C_2})]$	Boston-Mathias (1980)
05	$\alpha = T_r^{2(C_2-1)}\exp C_1(1-T_r^{2C_2})$	Twu (1988)
06	$\alpha = T_r^{C_3(C_2-1)}\exp C_1(1-T_r^{C_2C_3})$	Twu-Bluck-Cunningham-Coon (1991) Recommended by SimSci
07	$\alpha = \exp\left(\frac{2C_1}{1+C_1}(1-T_r^{(C_1+1)/2})\right)$	Alternative form for (04)
08	$\alpha = T_r^{C_3}\exp[C_1(1-T_r^{C_2})]$	Alternative form for (06)
09	$\alpha = [C_1(1-T_r^{0.5})+C_2(1-T_r^{0.5})^{2+}C_3(1-T_r^{0.5})^3]^2$	Mathias-Copeman (1983)
10	$\alpha = [C_1(1-T_r^{0.5})+C_2(1-T_r)(0.7-T_r)]^2$	Mathias (1983)
11	$\alpha = [C_1(1-T_r)+C_2(1-T_r^{0.5})^2]$	Melhem-Saini-Goodwin (1989)

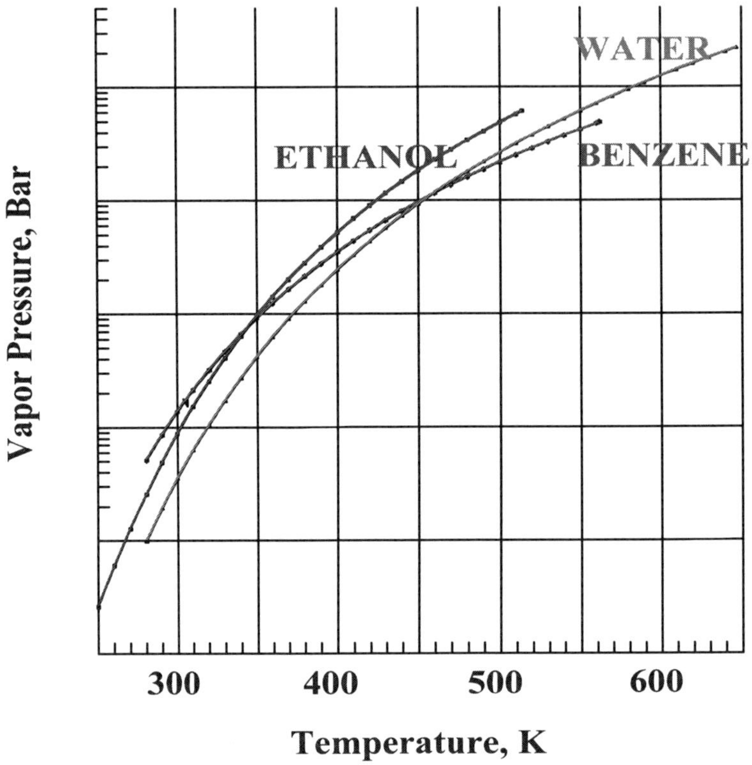

[그림 3.6.2] 물, 에탄올, 벤젠의 실험적인 증기압과 Alpha Form (06)을 이용한 추산

위의 [그림 3.6.2]과 같이 물, 에탄올, 벤젠의 증기압을 새로운 Alpha Form을 사용해서 상태방정식으로 추산하는 이유는 다음과 같다. 원래 물과 에탄올 은 공비점을 형성하기 때문에 벤젠과 같은 공비점 분리제를 사용해서 공비증류공정으로 순수한 무수 에탄올을 생산하는 공정의 모사는 NRTL이나 UNIQUAC과 같은 활동도계수 모델식을 이용해서 모사를 수행해 왔으나 이러한 전통적으로 액체 활동도계수 모델식으로 모사하는 영역을 침범하기 위한 기초 작업이라고 보아야 할 것이다. 이러한 상태방정식 모델을 이용해서 공비증류공정을 완벽히 모사하기에는 아직 한계가 있으나 만일 상압 근처에서 물-에탄올-벤젠 사이의 삼성분계 액액 상분리 현상을 잘 추산한다면 앞으로 조만간 액체 활동도계수 모델식을 이용하여 모사하는 영역을 많이 대체하지 않을까 생각되어진다.

3.7 혼합물의 K-value를 잘 추산하기 위한 Mixing Rules

상태방정식을 이용해서 기액 상평형을 좀 더 정확하게 추산하기 위해서는 혼합규칙을 사용해야 한다. 다음 [그림 3.7.1]는 이산화탄소와 에탄 이성분계에 대한 270K에서의 압력-조성 도표를 나타낸 것이다. 혼합규칙이란 상태방정식의 이용해서 혼합물의 a와 b값을 나타내기 위한 것으로 반데르발스의 One Fluid 혼합규칙은 다음과 같다.

$$a = \sum_i \sum_j x_i x_j \sqrt{a_i a_j}(1 - k_{ij}) \qquad (3.7.1)$$

$$b = \sum_i x_i b_i \qquad (3.7.2)$$

여기에서 k_{ij}란 이성분계 상호작용 매개변수(Binary interaction parameter)로써 회기분석을 통하여 실험적인 상평형 데이터와의 편차를 최소화시키는 값으로 정의한다. PRO/II에는 약 10,000여개의 이성분계 쌍에 대해서 이성분계 상호작용 매개변수가 내장되어 있다. 그림 5.5의 동그라미는 실험데이터를 나타내는 것이고 점선은 $k_{ij} = 0$인 경우 즉, 실험적인 상평형데이터를 회귀분석하지 않은 채 SRK 상태방정식으로 추산한 것이고 실선으로 표시한 것이 내장된 k_{ij}값을 이용해서 상평형을 추산한 것이다. 이러한 이성분계 상호작용 매개변수에 대해 공정모사시 알아 두어야 할 일반적인 사항으로써 다음과 같은 것들이 있다.

- 공정모사기에 내장된 k_{ij}값을 이용하면 일반적으로 혼합물의 기액 상평형 추산을 개선하는 효과가 있다.
- k_{ij}값은 상태방정식의 결점(대응상태의 원리의 한계점)을 보완한다.
- 어느 한 종류의 상태방정식의 k_{ij}값(예컨데, SRK 상태방정식의 k_{ij}값)을 다른 종류의 상태방정식(예컨데 PR 상태방정식)의 k_{ij}값에 이용해서는 안된다. 앞서 기술한 간단한 형태의 혼합규칙 이외에도 여러 가지 혼합규칙이 존

재한다. 모든 종류의 혼합규칙을 일일이 열거하기 보다는 PRO/II 공정모사기에 내장되어 있는 모델들을 다음 테이블의 형태로 요약하였다.

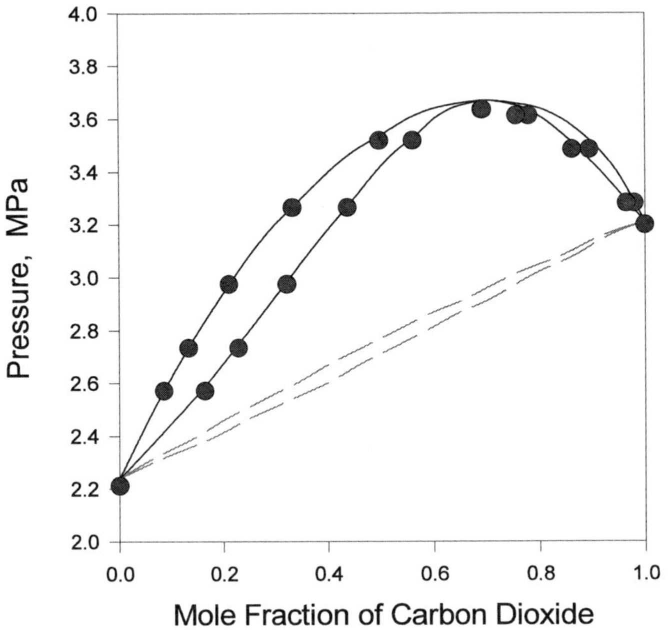

[그림 3.7.1] 이산화탄소와 에탄 이성분계의 270K에서의 압력 조성 실험 데이터와 SRK 상태방정식을 이용한 추산 (점선: $k_{ij} = 0$, 실선: $k_{ij} \neq 0$)

3.8 일반적인 2 매개변수 삼차형 상태방정식에 적용한 Panagiotopoulos 혼합규칙의 유도

원식은 다음과 같다.

$$\ln \hat{\phi}_i = -\ln Z - \int_{\infty}^{V} \left[\left(\frac{\partial (nZ)}{\partial n_i} \right)_{T,V,n_{j \neq i}} - 1 \right] \frac{dV}{V} \tag{3.8.1}$$

일반적인 2 매개변수 3차형 상태방정식은 앞에서 구한 다음의 (3.8.2)식과 같다.

$$P = \frac{RT}{v-b} - \frac{a}{v^2 + ubv + wb^2} \tag{3.8.2}$$

(3.8.2)식의 양변에 $\frac{v}{RT}$을 곱해서 압축인자 Z에 대한 표현식을 구하면 다음을 얻는다.

$$Z = \frac{v}{v-b} - \frac{av/RT}{v^2 + ubv + wb^2} \tag{3.8.3}$$

그런데 여기에서 매개변수 a와 b는 다음과 같다.

$$b = \sum_i \sum_j x_i x_j b_{ij} \tag{3.8.4}$$

$$a = \sum_i \sum_j x_i x_j a_{ij} \tag{3.8.5}$$

$$b_{ij} = \frac{1}{2}(b_i b_j)(1 - c_{ij}) \tag{3.8.6}$$

$$a_{ij} = \sqrt{a_i a_j}\,[1 - k_{ij} + (1 - k_{ij}) x_i] \tag{3.8.7}$$

여기에서 다음과 같이 놓으면,

$$a_{ij} = \alpha_{ij} + \beta_{ij} x_i \tag{3.8.8}$$

$$\alpha_{ij} = \sqrt{a_i a_j}(1 - k_{ij}) \tag{3.8.9}$$

$$\beta_{ij} = \sqrt{a_i a_j}(k_{ij} - k_{ji}) \tag{3.8.10}$$

원식 (3.8.1)의 표현식에서 nZ가 있으므로 이를 상태방정식에 적용하기 위해 (3.8.2)식의 양변에 n을 곱하면 다음을 얻는다.

$$nZ = \frac{V}{v - b} - \frac{aV/RT}{v^2 + ubv + wb^2} \tag{3.8.11}$$

여기에서 $V = nv$이다. 또한, (3.8.5)식의 우변의 첫째항의 분자와 분모항에 몰수 n을 곱하고 둘째항의 분자와 분모항에는 n^2을 곱하면 다음을 얻는다.

$$nZ = \frac{nV}{V - nb} - \frac{n^2 aV/RT}{V^2 + unbV + wn^2 b^2} \tag{3.8.12}$$

편의상 하첨자, $T, V, n_{j \neq i}$를 생략한다.

$$\frac{\partial(nZ)}{\partial n_i} = \frac{V(V - nb) + nV\frac{\partial(nb)}{n_i}}{(V - nb)^2}$$

$$- \frac{\frac{V}{RT}\frac{\partial(n^2 a)}{\partial n_i}[V^2 + unbV + wn^2 b^2] - \frac{V}{RT} n^2 a\left[uV\frac{\partial(nb)}{\partial n_i} + 2wnb\frac{\partial(nb)}{\partial n_i}\right]}{[V^2 + unbV + wn^2 b^2]^2}$$

(3.8.13)

위의 (3.8.13)식으로부터 원식의 적분기호 안의 식을 구하면 다음과 같다.

$$\frac{\partial(nZ)}{\partial n_i} - 1 = \frac{nbV - (nb)^2 + nV\dfrac{\partial(nb)}{\partial n_i}}{(V - nb)^2}$$

$$- \frac{\dfrac{V}{RT}\dfrac{\partial(n^2 a)}{\partial n_i}}{[V^2 + unbV + wn^2 b^2]} + \frac{\dfrac{V}{RT} n^2 a\left[uV\dfrac{\partial(nb)}{\partial n_i} + 2wnb\dfrac{\partial(nb)}{\partial n_i}\right]}{[V^2 + unbV + wn^2 b^2]^2} \tag{3.8.14}$$

여기에서

$$b = \sum_i x_i b_i = \frac{1}{n^2}\sum_i\sum_j n_i n_j b_{ij} \tag{3.8.15}$$

$$nb = \frac{1}{n}\sum_i\sum_j n_i n_j b_{ij} \tag{3.8.16}$$

$$\begin{aligned} \sum_i\sum_j n_i n_j b_{ij} = \; & n_1 n_1 b_{11} + n_1 n_2 b_{12} + \ldots. + n_1 n_i b_{1i} + \ldots. \\ & + n_2 n_1 b_{21} + n_2 n_2 b_{22} + \ldots. + n_2 n_i b_{1i} + \ldots. \\ & + \ldots\ldots \\ & + n_i n_1 {}_{i1} + n_i n_2 b_{i2} + \ldots. + n_i n_i b_{ii} + \ldots. \\ & + \ldots\ldots \end{aligned} \tag{3.8.17}$$

$$\begin{aligned} \frac{\partial(nb)}{\partial n_i} &= \frac{\partial}{\partial n_i}\left[\frac{1}{n}\sum_i\sum_j n_i n_j b_{ij}\right] \\ &= -\frac{1}{n^2}\sum_i\sum_j n_i n_j b_{ij} + \frac{1}{n}\frac{\partial}{\partial n_i}\sum_i\sum_j n_i n_j b_{ij} \end{aligned} \tag{3.8.18}$$

위의 (3.8.18)식에서 박스 안의 미분을 다시 쓰면 다음과 같다.

$$\frac{\partial}{\partial n_i}\sum_i\sum_j n_i n_j b_{ij} = \frac{\partial(n_1 n_i b_{1i})}{\partial n_i} + \frac{\partial(n_2 n_i b_{2i})}{\partial n_i} + \ldots. + \frac{\partial(n_i n_i b_{ii})}{\partial n_i} + \ldots.$$
$$+ \frac{\partial(n_i n_1 b_{i1})}{\partial n_i} + \ldots. + \frac{\partial(n_i n_2 b_{i2})}{\partial n_i} + \ldots. \qquad (3.8.19)$$

위의 (3.8.19)식을 더욱 정리하면 다음을 얻는다.

$$\frac{\partial}{\partial n_i}\sum_i\sum_j n_i n_j b_{ij} = n_1 b_{1i} + n_2 b_{2i} + \ldots. + 2n_i b_{ii}\,(= n_i b_{ii} + n_i b_{ii}) + \ldots.$$
$$+ n_1 b_{i1} + n_2 b_{i2} + \ldots.$$
$$= \sum_l n_l b_{li} + \sum_l n_l b_{il} \qquad (3.8.20)$$

그런데, $b_{il} = b_{li}$라 놓을 수 있다. (One fluid mixing rule) 또한 (3.8.18)식은 다음과 같이 단순화시킬 수 있다.

$$\frac{\partial(nb)}{\partial n_i} = -b + 2\overline{b_i} \qquad (3.8.21)$$

여기에서 $\overline{b_i} = \sum_l x_l b_{li}$이다.

또한 a에 대해서도 마찬가지 방법을 적용시켜 보자.

$$a = \sum_i\sum_j x_i x_j a_{ij} = \sum_i\sum_j x_i x_j \alpha_{ij} + \sum_i\sum_j x_i^2 x_j \beta_{ij} \qquad (3.8.22)$$

(3.8.22)식의 양변을 n^2으로 곱하면 다음을 얻는다.

$$n^2 a = \sum_i\sum_j n_i n_j \alpha_{ij} + \frac{1}{n}\sum_i\sum_j n_i^2 n_j \beta_{ij} \qquad (3.8.23)$$

위의 (3.8.23)식에서 우변의 첫 번째 항을 전개하면 다음을 얻는다.

$$
\begin{aligned}
\sum_i \sum_j n_i n_j \alpha_{ij} = {} & n_1 n_1 \alpha_{11} + n_1 n_2 \alpha_{12} + \ldots. + n_1 n_i \alpha_{1i} + \ldots. \\
& + n_2 n_1 \alpha_{21} + n_2 n_2 \alpha_{22} + \ldots. + n_2 n_i \alpha_{1i} + \ldots. \\
& + \ldots\ldots \\
& + n_i n_1 \alpha_{i1} + n_i n_2 \alpha_{i2} + \ldots. + n_i n_i \alpha_{ii} + \ldots. \\
& + \ldots\ldots
\end{aligned}
\tag{3.8.24}
$$

$\dfrac{\partial(n^2 a)}{\partial n_i}$를 구하기 위해서 우선 (3.8.10−2)식의 우변의 첫 번째 항을 미분하기 위해서는 (3.8.10−3)식의 박스 안의 식들을 미분하는 것과 같다.

$$
\begin{aligned}
\frac{\partial}{\partial n_i} \sum_i \sum_j n_i n_j \alpha_{ij} = {} & \frac{\partial(n_1 n_i \alpha_{1i})}{\partial n_i} + \frac{\partial(n_2 n_i \alpha_{2i})}{\partial n_i} + \ldots. + \frac{\partial(n_i n_i \alpha_{ii})}{\partial n_i} + \\
& + \frac{\partial(n_i n_1 \alpha_{i1})}{\partial n_i} + \frac{\partial(n_i n_2 \alpha_{i2})}{\partial n_i} + \ldots.
\end{aligned}
\tag{3.8.25}
$$

위의 (3.8.25)식을 다시 정리하면 다음을 얻는다.

$$
\begin{aligned}
\frac{\partial}{\partial n_i} \sum_i \sum_i n_i n_j \alpha_{ij} = {} & n_1 \alpha_{1i} + n_2 \alpha_{2i} + \ldots. + 2 n_i \alpha_{ii} + \ldots. \\
& + n_1 \alpha_{i1} + n_2 \alpha_{2i} + \ldots.
\end{aligned}
\tag{3.8.26}
$$

위의 (3.8.26)식은 다음과 같이 일반화할 수 있다.

$$
\frac{\partial}{\partial n_i} \sum_i \sum_j n_i n_j \alpha_{ij} = \sum_{l=1}^{N} n_l \alpha_{li} + \sum_{l=1}^{N} n_l \alpha_{il} \tag{3.8.27}
$$

위의 (3.8.27)식을 적용해서 (3.8.23)식을 n_i로 편미분하면 다음을 얻는다.

$$\frac{\partial(n^2a)}{\partial n_i} = \sum_{l=1}^{N} n_l \alpha_{li} + \sum_{l=1}^{N} n_l \alpha_{il}$$
$$+ \frac{-\sum_i\sum_j n_i^2 n_j \beta_{ij} + n\frac{\partial}{\partial n_i}\left(\sum_i\sum_j n_i^2 n_j \beta_{ij}\right)}{n^2} \quad (3.8.28)$$

(3.8.28)식의 우변의 첫 번째 박스 안의 항과 두 번째 박스 안의 항을 전개하면 각각 다음과 같은 관계식을 얻을 수 있다.

$$\sum_i\sum_j n_i^2 n_j \beta_{ij} = n_1^2 n_1 \beta_{11} + n_1^2 n_2 \beta_{12} + n_1^2 n_3 \beta_{13} + \ldots\ldots + n_1^2 n_i \beta_{1i} + \ldots\ldots$$
$$+ n_2^2 n_1 \beta_{21} + n_2^2 n_2 \beta_{22} + n_2^2 n_3 \beta_{23} + \ldots\ldots + n_2^2 n_i \beta_{2i} + \ldots\ldots$$
$$+ \ldots\ldots$$
$$+ n_i^2 n_1 \beta_{i1} + n_i^2 n_2 \beta_{i2} + n_i^2 n_3 \beta_{i3} + \ldots\ldots + n_i^2 n_i \beta_{ii} + \ldots\ldots$$
$$+ \ldots\ldots \quad (3.8.29)$$

$$\frac{\partial}{\partial n_i}\left(\sum_i\sum_j n_i^2 n_j \beta_{ij}\right) = n_1^2 \beta_{1i} + n_2^2 \beta_{2i} + \ldots\ldots + 3n_i^2 \beta_{ii} + \ldots\ldots$$
$$+ 2n_i n_1 \beta_{i1} + 2n_i n_2 \beta_{i2} + \ldots\ldots$$
$$= n_1^2 \beta_{1i} + n_2^2 \beta_{2i} + \ldots\ldots + n_i^2 \beta_{ii} + \ldots\ldots$$
$$+ 2n_i n_1 \beta_{i1} + 2n_i n_2 \beta_{i2} + \ldots\ldots + 2n_i^2 \beta_{ii}\,(2n_i n_i \beta_{ii}) + \ldots\ldots$$
$$= \sum_l n_l^2 \beta_{li} + 2\sum_l n_i n_l \beta_{il} \quad (3.8.30)$$

이제 (3.8.28)식을 n_i로 편미분하면 다음을 얻는다.

$$\frac{\partial(n^2 a)}{\partial n_i} = \sum_l n_l \alpha_{li} + \sum_l n_l \alpha_{il}$$

$$- n\sum_l\sum_m x_l^2 x_m \beta_{lm} + n\sum_l x_l^2 \beta_{li} + 2n\sum_l x_i x_l \beta_{il} \qquad (3.8.31)$$

$$\frac{\partial(nZ)}{\partial n_i} - 1 = \frac{nbV + nV(-b+2\overline{b}_i) - (nb)^2}{(V-nb)^2}$$

$$- \frac{\frac{V}{RT}\frac{\partial(n^2 a)}{\partial n_i}}{V^2 + unbV + wn^2b^2} + \frac{\frac{V}{RT} n^2 a[uV(-b+2\overline{b}_i) + 2wnb(-b+2\overline{b}_i)]}{[V^2 + unbV + wn^2b^2]^2}$$

$$(3.8.32)$$

윗식에서 $\left[\frac{\partial(nZ)}{\partial n_i} - 1\right]\frac{1}{V}$을 구하기 위해 (3.8.11)식의 양변에 $\frac{1}{V}$를 곱하면 다음을 얻는다.

$$\left[\frac{\partial(nZ)}{\partial n_i} - 1\right]\frac{1}{V} = \frac{2n\overline{b}_i}{(V-nb)^2} - \frac{(nb)^2}{V(V-nb)^2} + \frac{\frac{1}{RT}\frac{\partial(n^2 a)}{\partial n_i}}{V^2 + unbV + wn^2b^2}$$

$$+ \frac{\frac{un^2a}{RT}(2\overline{b}_i - b)V}{[V^2 + unbV + wn^2b^2]^2} - \frac{\frac{(2wn^2a)(nb)}{RT}(2\overline{b}_i - b)}{[V^2 + unbV + wn^2b^2]^2} \qquad (3.8.33)$$

적분 테이블로부터 다음을 얻는다.

$$\int \frac{dx}{x(a+bx)^2} = \frac{1}{a(a+bx)} - \frac{1}{a^2}\ln\frac{a+bx}{x} \qquad (3.8.34)$$

$$\int \frac{dx}{a+bx+cx^2} = \frac{1}{\sqrt{b^2-4ac}}\ln\frac{b+2cx-\sqrt{b^2-4ac}}{b+2cx+\sqrt{b^2-4ac}} \qquad (3.8.35)$$

$$\int \frac{dx}{(a+bx+cx^2)^2} = \frac{b+2cx}{(4ac-b^2)(a+bx+cx^2)} + \frac{2c}{4ac-b^2}\int\frac{dx}{a+bx+cx^2}$$

(3.8.36)

$$\int \frac{xdx}{(a+bx+cx^2)^2} = -\frac{2a+bx}{(4ac-b^2)(a+bx+cx^2)} - \frac{b}{4ac-b^2}\int\frac{dx}{a+bx+cx^2}$$

(3.8.37)

$\int_{\infty}^{V}\left[\frac{\partial(nZ)}{\partial n_i}-1\right]\frac{dV}{V}$를 구하기 위해서 (3.8.12)식의 우변을 각 항마다 적분해 보자.

$$\cdot \int_{\infty}^{V}\frac{2n\overline{b}_i}{(V-nb)^2}dV = -\frac{2n\overline{b}_i}{V-nb}\Bigg|_{\infty}^{V} = -\frac{2n\overline{b}_i}{V-nb} = -\frac{2\overline{b}_i}{v-b} \qquad (3.8.38)$$

$$\cdot \int_{\infty}^{V}\frac{(nb)^2}{V(V-nb)^2}dV = \frac{(nb)^2}{(-nb)(V-nb)} - \frac{(nb)^2}{(-nb)^2}\cdot\ln\frac{V-nb}{V}\Bigg|_{\infty}^{V}$$

$$= -\frac{nb}{V-nb} - \ln\frac{nb}{V-nb} = -\frac{b}{v-b} - \ln\frac{v-b}{v} \qquad (3.8.39)$$

$$\cdot \int_{\infty}^{V}\frac{\frac{1}{RT}\frac{\partial(n^2a)}{\partial n_i}}{V^2+unbV+wn^2b^2}dV$$

$$= \frac{\frac{1}{RT}\frac{\partial(n^2a)}{\partial n_i}}{\sqrt{(unb)^2-4wn^2b^2}}\cdot\ln\frac{unb+2V-\sqrt{(unb)^2-4wn^2b^2}}{unb+2V+\sqrt{(unb)^2-4wn^2b^2}}$$

(3.8.40)

$$\cdot \int_{\infty}^{V}\frac{\frac{un^2a}{RT}(2b_i-b)V}{[V^2+unbV+wn^2b^2]^2}dV = -\frac{\left[\frac{un^2a}{RT}(2\overline{b}_i-b)(2wn^2b^2+unbV)\right]}{[(4wn^2b^2-(unb)^2)(V^2+unbV+wn^2b^2)]}$$

$$
-\frac{\left[\frac{un^2a}{RT}(2\overline{b}_i-b)(unb)\right]}{4wn^2b^2-(unb)^2}
$$

$$
\times\left[\frac{1}{\sqrt{(unb)^2-4wn^2b^2}}\ln\frac{unb+2V-2\sqrt{(unb)^2-4wn^2b^2}}{unb+2V+2\sqrt{(unb)^2-4wn^2b^2}}\right]
\tag{3.8.41}
$$

$$
\cdot\ \int_\infty^V\frac{\frac{(2wn^2a)(nb)}{RT}(2\overline{b}_i-b)}{[V^2+unbV+wn^2b^2]^2}dV=\frac{\frac{(2wn^2a)(nb)}{RT}(2\overline{b}_i-b)(unb+2V)}{[(4wn^2b^2-(unb)^2](V^2+unbV+wn^2b^2)}
$$

$$
+\frac{\frac{(2wn^2a)(nb)}{RT}(2\overline{b}_i-b)(2)}{4wn^2b^2-(unb)^2}\left[\frac{1}{\sqrt{(unb)^2-4wn^2b^2}}\ln\frac{2nb+2V-2\sqrt{2}nb}{2nb+2V+2\sqrt{2}nb}\right]
\tag{3.8.42}
$$

앞서 유도한 (3.8.38), (3.8.39), (3.8.40), (3.8.41)와 (3.8.42)식들을 원식에 대입하면 다음을 얻는다.

$$
\begin{aligned}
\ln\widehat{\phi}_i=&-\ln Z+\frac{2\overline{b}_i}{v-b}-\frac{b}{v-b}-\ln\frac{v-b}{v}\\
&+\frac{\frac{\partial(n^2a)}{\partial n_i}}{nbRT\sqrt{u^2-4w}}\ln\frac{2v+b(u-\sqrt{u^2-4w})}{2v+b(u+\sqrt{u^2-4w})}\\
&+\frac{ua(2\overline{b}_i-b)(2wb^2+ubv)}{bRT(4wb^2-u^2)(v^2+ubv+wb^2)}\\
&+\frac{ua(2\overline{b}_i-b)}{b^2RT(4w-u^2)\sqrt{u^2-4w}}\ln\frac{2v+b(u-\sqrt{u^2-4w})}{2v+b(u+\sqrt{u^2-4w})}\\
&-\frac{(2wa)(2\overline{b}_i-b)(ub+2v)}{bRT(4w-u^2)(v^2+ubv+wb^2)}\\
&-\frac{2wa(2\overline{b}_i-b)(2)}{b^2RT(4w-u^2)\sqrt{u^2-4w}}\ln\frac{2v+b(u-\sqrt{u^2-4w})}{2v+b(u+\sqrt{u^2-4w})}
\end{aligned}
\tag{3.8.43}
$$

위의 (3.8.43)식을 다시 정리해서 쓰면 다음과 같다.

$$\ln\widehat{\phi}_i = -\ln Z + \frac{2\overline{b}_i}{v-b} - \frac{b}{v-b} - \ln\frac{v-b}{v}$$
$$+\left[\frac{\frac{1}{n}\frac{\partial(n^2a)}{\partial n_i}}{bRT} + \frac{ua(2\overline{b}_i-b)}{b^2RT(4w-u^2)} - \frac{4wa(2\overline{b}_i-b)}{b^2RT(4w-u^2)}\right]$$
$$\times\frac{1}{\sqrt{u^2-4w}}\ln\frac{2v+b(u-\sqrt{u^2-4w})}{2v+b(u+\sqrt{u^2-4w})}$$
$$+\frac{(2\overline{b}_i-b)[2uwab+u^2av-2uwab-4wav]}{bRT(4w-u^2)(v^2+ubv+wb^2)} \qquad (3.8.44)$$

위의 (3.8.44)을 정리하면 다음과 같이 요약될 수 있다.

$$\ln\widehat{\phi}_i = -\ln Z + \frac{2\overline{b}_i-b}{v-b} - \ln\frac{v-b}{v}$$
$$+\frac{(2\overline{b}_i-b)(-av)}{bRT(v^2+ubv+wb^2)}$$

$$+\left[\frac{\frac{1}{n}\frac{\partial(n^2a)}{\partial n_i}}{bRT} + \frac{a(2\overline{b}_i-b)(u-4w)}{b^2RT(4w-u^2)}\right]\frac{1}{\sqrt{u^2-4w}}\ln\frac{2v+b(u-\sqrt{u^2-4w})}{2v+b(u+\sqrt{u^2-4w})}$$
$$(3.8.45)$$

위의 (3.8.45)식에서 $\frac{1}{n}\frac{\partial(n^2a)}{\partial n_i}$는 (3.8.31)식을 변형하면 다음과 같아진다.

$$\frac{1}{n}\frac{\partial(n^2a)}{\partial n_i} = \sum_l x_l \alpha_{li} + \sum_l x_l \alpha_{il}$$

$$-\sum_l\sum_m x_l^2 x_m \beta_{lm} + \sum_l x_l^2 \beta_{li} + 2\sum_l x_i x_l \beta_{il} \quad (3.8.46)$$

(3.8.46)식의 우변의 각 항에 (3.8.9)식과 (3.8.10)식을 대입하면 다음을 얻는다.

$$\begin{aligned}\frac{1}{n}\frac{\partial(n^2a)}{\partial n_i} &= \sum_l x_l\sqrt{a_l a_i}(1-k_{li}) + \sum_l x_l\sqrt{a_i a_l}(1-k_{il})\\&-\sum_l\sum_m x_l^2 x_m\sqrt{a_l a_m}(k_{lm}-k_{ml})\\&+\sum_l x_l^2\sqrt{a_l a_i}(k_{li}-k_{il})\\&+2\sum_l x_i x_l\sqrt{a_i a_l}(k_{il}-k_{li}) \end{aligned} \quad (3.8.47)$$

(3.8.47)식의 우변에서 첫 번째 항과 네 번째 항을 합치고, 두 번째 항과 다섯 번째 항을 2로 나누어서 합치고 정리하면 다음을 얻는다.

$$\begin{aligned}\frac{1}{n}\frac{\partial(n^2a)}{\partial n_i} &= \sum_l x_l[\sqrt{a_l a_i}(1-k_{li}+(k_{li}-k_{il})x_l\\&+\sqrt{a_i a_l}(1-k_{il}+(k_{il}-k_{li})x_i]\\&-\sum_l\sum_m x_l^2 x_m\sqrt{a_l a_m}(k_{lm}-k_{ml})\\&+x_i\sum_l x_l\sqrt{a_i a_l}(k_{il}-k_{li}) \end{aligned} \quad (3.8.48)$$

(3.8.47)식에 (3.8.8)식을 대입하여 정리하면 다음의 (3.8.49)식과 같아진다.

$$\begin{aligned}\frac{1}{n}\frac{\partial(n^2a)}{\partial n_i} &= \sum_l x_l(a_{li}+a_{il})\\&-\sum_l\sum_m x_l^2 x_m\sqrt{a_l a_m}(k_{lm}-k_{ml}) \end{aligned} \quad (3.8.49)$$

(3.8.45)식의 퓨개시티 계수 항을 정리해서 대입하면 다음을 얻는다. 그런데 (3.8.21)식의 우변의 두 번째 항과 네 번째 항을 잘 정리하면 다음과 같이 단순화

시킬 수 있다.

$$\ln \hat{\phi}_i = \frac{2\overline{b}_i - b}{b}(Z-1) - \ln \frac{P(v-b)}{RT}$$

$$+\left[\frac{\frac{1}{n}\frac{\partial (n^2 a)}{\partial n_i}}{bRT} + \frac{a(2\overline{b}_i - b)(u-4w)}{b^2RT(4w-u^2)} \right] \frac{1}{\sqrt{u^2-4w}} \ln \frac{2v+b(u-\sqrt{u^2-4w})}{2v+b(u+\sqrt{u^2-4w})} \tag{3.8.50}$$

위의 (3.8.50)식을 좀 더 정리하고 (3.8.49)식을 대입하면 최종적으로 다음을 얻는다.

$$\begin{aligned}\ln \hat{\phi}_i = {} & \frac{2\overline{b}_i - b}{b}(Z-1) - \ln \frac{P(v-b)}{RT} \\ & + \Big[\sum_l x_l (a_{li} + a_{il}) - \sum_l \sum_m x_l^2 x_m \sqrt{a_l a_m}\,(k_{lm} - k_{ml}) \\ & + x_i \sum_l x_l \sqrt{a_i a_l}\,(k_{il} - k_{li}) + \frac{a(2\overline{b}_i - b)(u-4w)}{b(4w-u^2)} \Big] \\ & \times \frac{1}{\sqrt{u^2-4w}\,bRT} \ln \frac{2v+b(u-\sqrt{u^2-4w})}{2v+b(u+\sqrt{u^2-4w})}\end{aligned} \tag{3.8.51}$$

위의 혼합규칙은 1986년에 Panagiotopoulos와 Reid가 SRK와 PR 상태방정식에 대하여 비대칭 조성에 의존적인 혼합규칙을 제안하였다. 위의 혼합규칙은 두개의 이성분계 상호작용 매개변수를 갖는다. 이 혼합규칙은 극성분자와 비극성분자 혼합물의 기액 상평형 계산에 있어서 반데르발스 혼합규칙보다 잘 맞춘다. 하지만, Panagiotopoulos와 Reid 혼합규칙은 다음과 같은 두 가지 치명적인 단점을 가진다. 원 저널에 실린 원문 그대로의 내용은 다음과 같다.

1. The dilution of the mixture with additional components (reducing all the mole fraction, x_i) nullifies the effect of the second binary parameter k_{ij}. In the limit of an infinite number of components so that all the x_i approach zero, the mixing rule reduces to the original van der Waals mixing rule.

2. The mixing rule is not invariant to dividing a component into a number of identical pseudocomponents. For example, if methane in a mixture is divided arbitarily into "alpha" and "beta" methane, the calculated properties of the mixture will be slightly different.

3.9 SRKM과 PRM

1990년에 SimSci에서는 앞 절의 Panagiotopoulos와 Reid의 혼합규칙의 두 가지 단점 중에서 첫 번째 단점을 보완하기 위하여 다음과 같은 혼합규칙을 제안하였다.

$$a_{ij} = \sqrt{a_i a_j}\left[1 - k_{ij} + (1 - k_{ij})\left(\frac{x_i}{x_i + x_j}\right)^{c_{ij}}\right] \tag{3.9.1}$$

위의 혼합규칙은 이성분계에 대하여 k_{ij}, k_{ji} c_{ij} 및 c_{ji}의 4개의 상호작용 매개변수를 가진다. 위의 혼합규칙은 $c_{ij} = c_{ji}$ 일 때, Panagiotopoulos와 Reid의 혼합규칙과 같아진다.

제 4 장 전기식 냉동기에서 냉매의 공급온도에 따른 액화천연가스의 톤당 냉열 가격 산출

4.1 서론

증기 재압축을 이용한 전기식 냉동 사이클은 압축, 응축, 팽창 및 증발의 4개의 순환공정으로 구성되어 있다. 아래의 [그림 4.1.1]에는 냉매를 활용한 냉동 사이클에 대한 개념도를 나타내었다. 한편 팽창밸브 후단에서는 냉매는 일반적으로 증기상과 액상의 이상계가 되는데 증기상의 냉매는 온도는 낮으나 열량가가 거의 없기 때문에 액상 냉매만 냉매 증발기로 주입하고 증기상은 곧바로 냉매 압축기 전단으로 주입한다. 따라서 아래의 [그림 4.1.2]에는 좀 더 실제적인 전기식 냉동 사이클의 개요도를 나타내었다. [그림 4.1.2]에 의하면 전단에서는 대기압보다 약간 높은 압력의 냉매가 압축기를 통해서 고압으로 가압된다. 이때 압축기 후단에서 응축기 후단까지의 압력강하를 무시한다면 압축기 후단에서는 응축기 후단에서 냉매가 액화가 이루어지는 압력까지 가압하게 된다. 일반적으로 냉매로써 냉각수를 사용하게 된다면 응축기 후단의 온도를 45°C까지 냉각한다고 가정하였을 경우 압축기 후단의 압력은 45°C에서 냉매의 기포점 압력과 같다.

냉매를 통해서 저온을 얻기 위해서는 Joule-Thomson 팽창밸브를 통과시키면 된다. 고압의 포화액체 상태의 냉매는 압력을 낮추면 증기가 발생하고 등엔탈피 과정이므로 외부로부터 열원을 공급받지 못하므로 증발이 일어나게 되면 온도는 급격하게 떨어지게 된다. 팽창밸브 후단에서 증기상과 액상은 모두 플래쉬 드럼으로 주입된다. 플래쉬 드럼에서 기상류는 증발기를 거치지 않고 곧바로 압축기 전단으로 보내고 액상류의 냉매만을 냉매 증발기로 보낸다. 이렇게 하는 이유는 냉매 증발기의 크기를 줄일 수 있기 때문이다. Joule-Thomson 팽창밸브 후단의 압력은 상압보다 조금 더 높게 유지하는데 그 이유는 외부 공기가 냉동 사이클 내부로 유입되는 것을 방지하기 위해서이다.

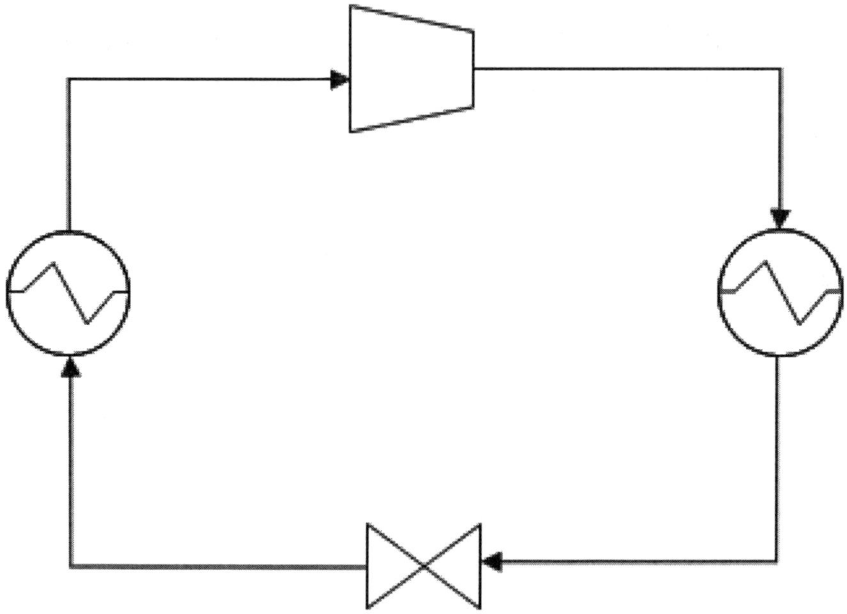

[그림 4.1.1] 증기 재압축 냉동 사이클의 공정 개요도

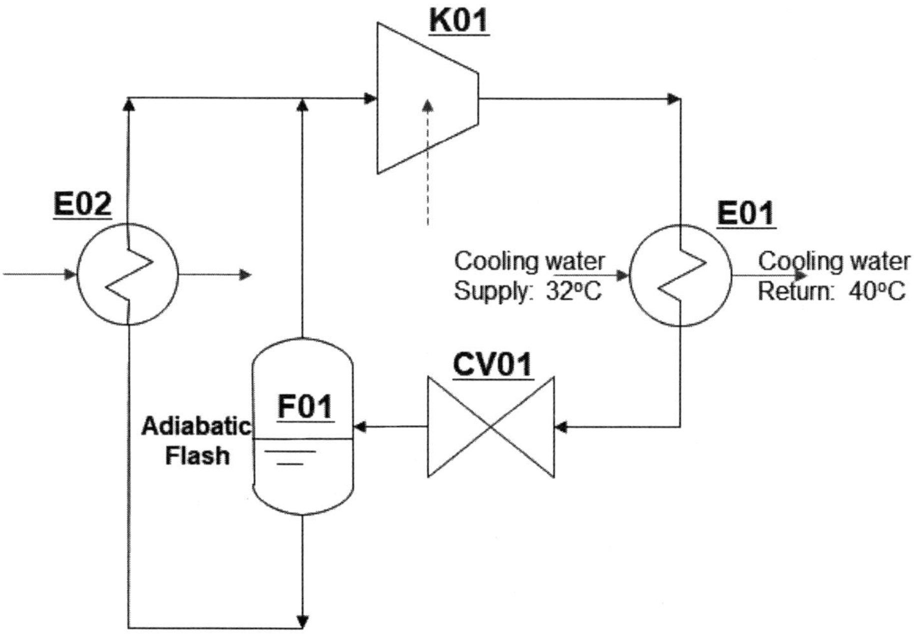

[그림 4.1.2] 실제 냉동 사이클에 대한 플로우쉬트

본 저서에서는 여러 온도로 공급되는 단일 냉매를 이용한 전기식 냉동 사이클의 냉매 압축기에서 소요되는 전기 에너지를 절감하기 위해서 액화천연가스(이하 LNG)의 냉열을 이용하여 상압보다 약간 높은 압력으로 공급되는 냉매와의 열교환에 의해서 액화시켰을 경우 절감되는 전기료를 냉매의 공급온도 별로 추산하였다. 또한 단일냉매 만으로는 얻을 수 없는 더욱 저온은 종류가 다른 2개 또는 3개의 순수성분 냉매를 캐스케이드 방식으로 조합하여 더욱 저온을 얻을 수 있다. 프로판-에칠렌 2단 캐스케이드 방식에서 에틸렌 냉매의 공급온도는 약 -95°C 가량이며, 프로판-에틸렌-메탄 3단 캐스케이드 방식에서 메탄 냉매의 공급온도는 약 -155°C 가량이다.

하지만 LNG는 약-163°C로 공급되어지기 때문에 에틸렌뿐만 아니라 메탄 냉매의 액화도 가능하다. 이번 연구에서는 순수성분 단일 냉매 냉동 사이클 뿐만 아니라 캐스케이드 냉동 사이클에도 LNG 의 냉열을 적용하여 1 ton/h의 LNG에 포함되어 있는 냉열의 가격을 냉매 온도별로 산출하였으며, 그 관계식을 도출하였다. 아래의 [표 4.1.1]에는 냉매별 공급온도와 임계온도 및 녹는점을 나타내었다.

[표 4.1.1] 냉매의 공급온도 및 물성

Refrigerant	Temperature, °C	T_c, °C	Melting point, °C
n-C4H10	2	151.97	-138.29
R134a	-25	101.15	-101.00
NH_3	-30	132.50	-77.74
R22	-35	96.15	-157.42
C_3H_8	-40	96.18	-187.68
C_3H_6	-45	92.42	-185.26

본 저서에서는 다양한 온도로 공급되는 냉매를 이용한 전기식 증기 재압축 냉동 사이클의 압축기에서 소모되는 전기 에너지를 절감하기 위해서 액화천연가스(이하 LNG)의 냉열을 이용하여 냉매와의 열교환에 의해서 액화시켰을 경우 절감되는 전기료를 LNG 1 ton의 냉열에 포함되어 있는 냉열의 가격을 냉매의 공급온도

별로 산출하였다.

아래의 [그림 4.1.3]에는 본 연구에서 적용한 6가지 냉매의 온도에 따른 증기압 곡선을 나타내었다. 45°C에서의 증기압은 냉매 압축기 후단온도를 나타내며, 대기압보다 약간 높은 압력에서의 냉매의 온도가 냉매의 공급온도가 된다. 팽창밸브 후단에서 압력이 대기압 보다 낮으면 더욱 낮은 온도를 얻을 수는 있지만 외부 공기와 습기가 냉동 사이클 내부로 유입될 수 있기 때문에 팽창밸브 후단의 압력은 대기압보다 약간 높게 유지한다.

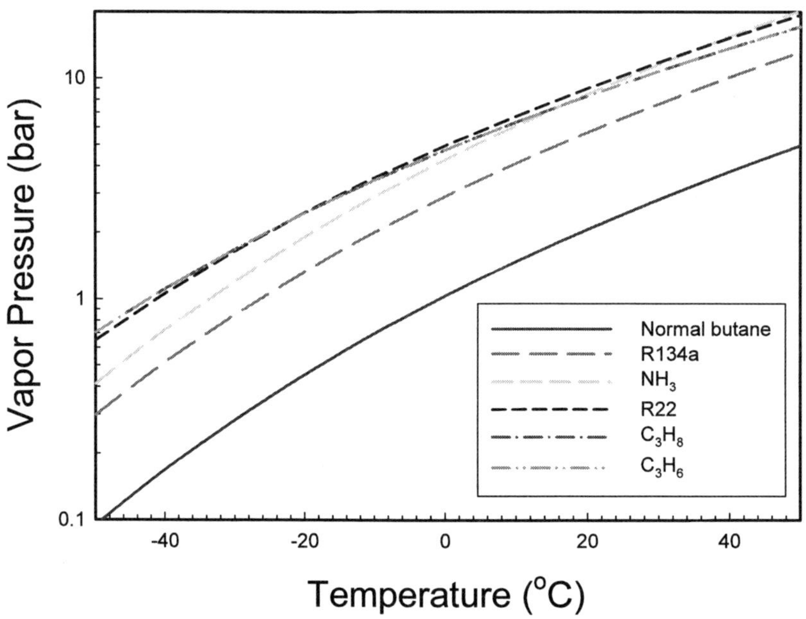

[그림 4.1.3] 몇 가지 냉매의 온도에 따른 증기압

아래의 [표 4.1.2]에는 상기 6가지 냉매에 대한 변형된 Antoine 추산식의 계수들과 적용 가능한 최소 및 최대 온도를 나타내었다. 그리고 아래의 식 (4.1.1)에는 변형된 Antoine 증기압 추산식을 나타내었다.

$$\ln P^{vap} = C_1 + \frac{C_2}{T} + C_3 \ln T + C_4 T^{C_5} \quad (4.1.1)$$

[표 4.1.2] Coefficients in a modified Antoine equation

Item	C_1	C_2	C_3	C_4	C_5
n-C_4H_{10}	66.343	-4,363.2	-7.046	9.4509×10^{-6}	2
R134a	49.741	-3,781.6	-4.1615	8.5693×10^{-17}	6
NH_3	90.483	-4,669.7	-11.607	0.017194×10^{-6}	1
R22	116.06	-4,888.4	-16.486	0.027234	1
C_3H_8	59.078	-3,492.6	-6.0669	1.0919×10^{-5}	2
C_3H_6	57.263	-3,382.4	-5.7707	1.0431×10^{-5}	2

한편 아래의 [표 4.1.3]에는 주어진 각각의 냉매를 응축시키는데 사용한 LNG의 조성을 나타내었다. LNG의 조성을 한국가스공사에서 제공받는 typical한 조성으로 적용하였다. 공급 가능한 냉매의 온도가 낮을수록 동일한 냉매 증발기의 heat duty에 대해서도 냉매 압축기 소요 동력이 많이 소요되고 그렇게 되면 동일한 LNG의 공급 질량 유량에 대해서 냉열 가격은 공급온도가 낮은 냉매에 대해서 더 높을 것이 예상된다. 본 연구에서는 1 kWh 당 전기료를 100원으로 가정하고 LNG 1톤의 냉열 가격을 산출하였다.

[표 4.1.3] LNG compositions

Component	mol%
N_2	0.04
CH_4	89.26
C_2H_6	8.64
C_3H_8	1.44
I-C_4H_{10}	0.27
N-C_4H_{10}	0.35
M.W.	17.924
Temperature	-163°C
Pump outlet pressure	8.5 bar

4.2 전산모사

4.2.1 노말 부탄을 냉매로 사용한 냉동사이클의 전산모사

다음의 [그림 4.2.1.1]에는 노말 부탄을 냉매로 사용한 전기식 냉동 사이클에 대한 PRO/II 플로우쉬트를 나타내었다.

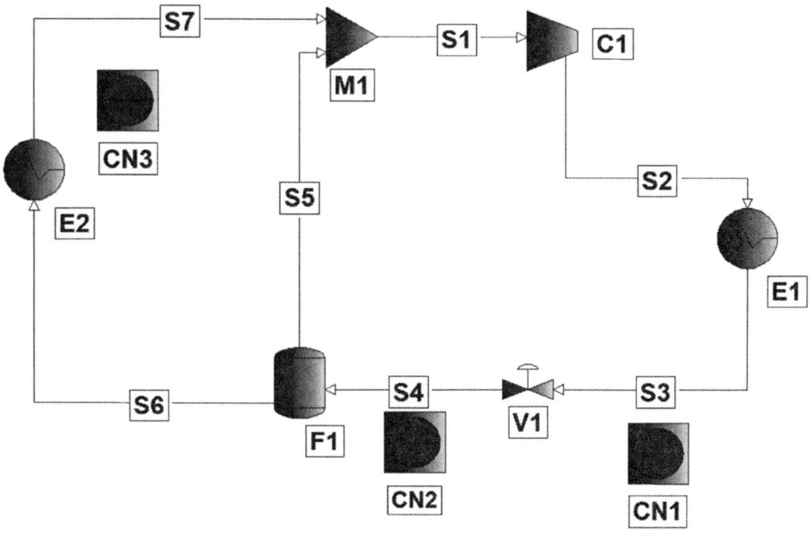

[그림 4.2.1.1] 냉매로써 노말 부탄을 사용한 냉동 사이클에 대한 PRO/II를 사용한 플로우 쉬트

스트림 1은 냉매의 공급온도인 2°C의 포화증기 상태에서 노말 부탄을 공급하도록 하였다. 컨트롤러 CN1에서는 냉매 응축기인 E1 후단에서의 온도가 냉각수로 냉각 및 액화가 가능한 온도인 45°C에서 완전 응축이 일어날 수 있도록 압축기 후단압력을 조절하였다. 그리고 컨트롤러 CN2에서는 팽창밸브 V1 후단의 온도가 노말 부탄 냉매의 공급온도인 2°C가 되도록 후단압력을 조절변수로 사용하였다. 마지막 컨트롤러 CN3의 역할은 냉매 증발기, E2의 heat duty가 500,000 kcal/h가 되도록 냉매의 총 순환 유량을 조절하였다.

아래의 [표 4.2.1.1]에는 Fig. 4의 노말 부탄을 냉매로 사용한 전산모사 결과를 요약하여 정리하였다. [표 4.2.1.1]에 의하면 압축기의 소요동력은 157.3 kW이며, LNG의 공급유량은 2,506 kg/h이며 노말 부탄 냉매에 적용한 LNG 1 ton에 함유되어 있는 냉열 가격은 6,277원임을 알 수 있다.

[표4.2.1.1] Summary for a refrigeration cycle using normal butane as a refrigerant

Item	Value
Refrigerant	n-C_4H_{10}
Heat duty of evaporator	500,000 kcal/h
Refrigerant supply temperature	2°C
Compressor power	157.3 kW
Compressor efficiency	70%
Overall refrigerant circulation rate	7,458 kg/h
Compressor suction pressure	1.113 bar
Compressor discharge pressure	4.335 bar
LNG supply rate	2,506 kg/h
LNG cold heat price for 1 ton	6,277 Won

4.2.2 LNG의 질량유량을 결정하기 위한 전산모사

아래의 [그림 4.2.2.1]에는 냉매 증발기 E2의 heat duty인 500,000 kcal/h의 열량이 가능하도록 LNG의 공급 유량을 조절할 수 있도록 전산모사를 수행한 PRO/II 플로우쉬트를 나타내었다. 컨트롤러 CN1의 역할은 LNG를 이용한 냉매 증발기의 heat duty가 500,000 kcal/h가 되도록 LNG의 질량유량을 조절하는 것이며, 냉매 증발기에서의 사양은 냉매와의 온도 차를 3°C로 두는 것이다. P1 펌프 후단에서의 압력은 8.5 bar를 가정하였다.

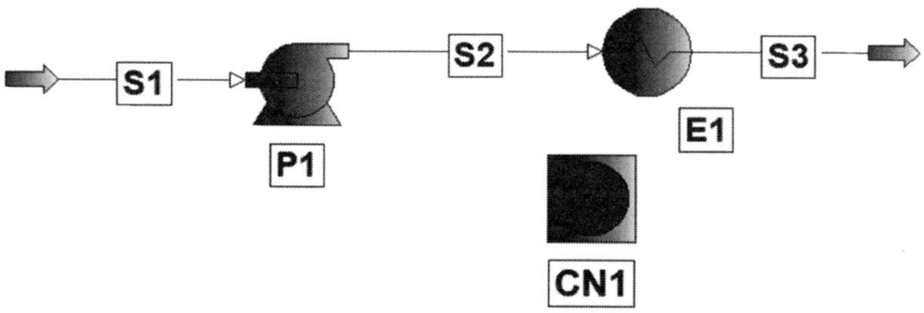

[그림 4.2.2.1] LNG의 질량유량을 결정하기 위한 PRO/II 플로우쉬트

4.3 결과

아래의 [표 4.3.1]과 [표 4.3.2]에는 본 연구에서 사용한 6가지 냉매에 대해서 LNG 1톤당 냉열 가격을 산출한 결과를 정리하여 나타내었다. 모든 냉매에 대해서 냉매 증발기의 heat duty는 500,000 kcal/h로 동일하게 두었으며 냉매 압축기의 효율 또한 70%로 동일하게 가정하였다. 한편 1 kWh당 전기료는 100원으로 가정하였다.

[표4.3.1] 냉매에 따른 LNG 1톤당 냉열 가격(1)

Item	$n\text{-}C_4H_{10}$	R134a	NH_3
Refrigerant temperature	2	-25	-30
Compressor power	157.3 kW	350.8 kW	356.1 kW
Compressor efficiency	70%	70%	70%
Overall refrigerant circulation rate	7,458 kg/h	17,585 kg/h	2,054 kg/h
Compressor suction pressure	1.113 bar	1.062 bar	1.183 bar
Compressor discharge pressure	3.895 bar	11.604 bar	17.739 bar
LNG supply rate	2,506 kg/h	2,689 kg/h	2,726 kg/h
LNG cold heat price for 1 ton	6,277 Won	13,046 Won	13.063 Won

[표4.3.2] 냉매에 따른 LNG 1톤당 냉열 가격(2)

Item	R22	C_3H_8	C_3H_6
Refrigerant temperature	-35	-40	-45
Compressor power	421.1 kW	506.4 kW	555.4 kW
Compressor efficiency	70%	70%	70%
Overall refrigerant circulation rate	15,884 kg/h	10,265 kg/h	9,973 kg/h
Compressor suction pressure	1.323 bar	1.114 bar	1.155 bar
Compressor discharge pressure	17.242 bar	15.385 bar	18.523 bar
LNG supply rate	2,763 kg/h	2,802 kg/h	2,842 kg/h
LNG cold heat price for 1 ton	15,241 Won	18,073 Won	19,543 Won

위의 [표 4.3.1]과 [표 4.3.2]에 의하면 동일한 냉매 증발기의 heat duty인 500,000 kcal/h에 대해서 냉매의 공급온도에 따라서 LNG의 공급 유량은 최소 2,056 kg/h에서 최대 2,842 kg/h로 비교적 차이가 작게 나지만, 압축기의 소요동력은 최소 157.3 KW에서 최대 555.4 kW로 다소 차이가 남을 알 수 있다. 이것은 LNG 시간당 1톤당 공급할 경우 냉매 온도별 냉열 가격 또한 냉매의 공급온도에 따라서 차이가 남을 알 수 있다. 아래의 [그림 4.3.1]에는 냉매 공급온도에 따른 LNG를 시간당 1톤씩 공급할 경우 냉열 가격을 산출한 것을 도시하였다.

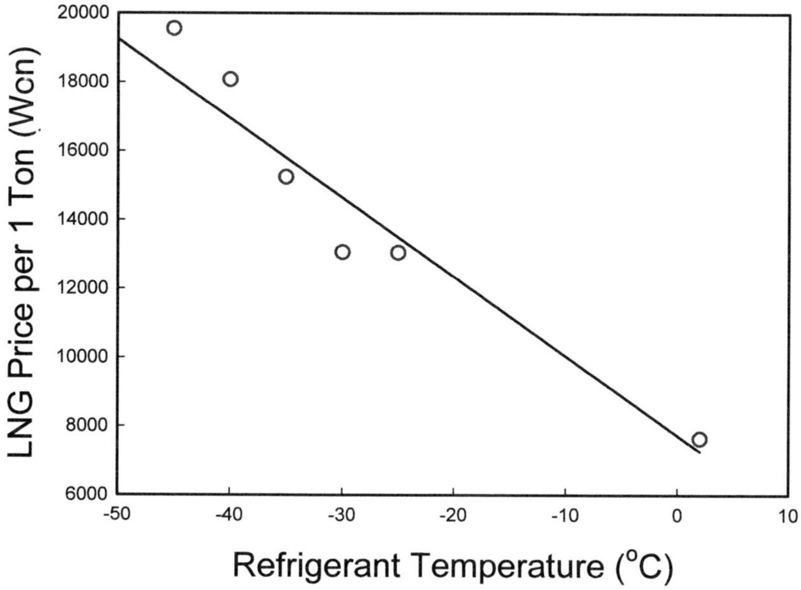

[그림 4.3.1] 냉매의 공급온도에 따른 LNG 1톤에 함유된 냉열 가격 관계

증기 재압축을 활용한 냉동 사이클에서 냉매의 액화를 전기식 압축기 대신에 LNG의 냉열을 활용할 경우에 냉매의 공급온도에 따른 LNG의 1 ton/h에 함유되어 있는 냉열 가격을 산출하였다.

첫째, 동일한 냉매 증발기 heat duty에 대해서 냉매와의 온도 차를 3°C로 동일하게 두었을 때, LNG의 공급 유량은 최소 2,506 kg/h에서 최대 2,842 kg/h로 대체로 크게 변화하지 않는 것을 알 수 있었다.

둘째, 동일한 냉매 증발기 heat duty에 대해서 냉매와의 온도 차를 3°C로 동일하게 두었을 때, 압축기 소요동력은 효율을 70%로 동일하게 가정하였을 때 최소 157.3 kW에서 최대 555.4 kW로 차이나 많이 나는 것을 알 수 있었다.

셋째, LNG 1 ton/h가 가지는 냉열가격은 Fig. 7에서 알 수 있듯이 냉매의 공급 온도에 따라서 선형적으로 반비례하는 것을 알 수 있었다.

넷째, 냉매의 공급 온도가 매우 낮은 다중 냉매를 사용하는 2단 또는 3단과 같은 캐스케이드 냉동 사이클의 경우에 공급온도가 낮아질수록 LNG 1 ton/h가 가지는 냉열 가격은 더욱 증가할 것임을 예측할 수 있다.

제 5 장 액화천연가스를 활용한 개방형 랭킨 사이클에 적용한 냉열 발전의 최적화에 대한 연구

KHNES
pISSN 1738-7264 • eISSN 2288-7407

5.1 서 론

천연가스의 주성분은 메탄이며 에탄 함량에 따라서 lean 가스와 rich 가스로 구분할 수 있다. 천연가스는 상압 조건에서 -162°C 가량의 저온에서 액화천연가스(LNG) 상태로 저장한다1). 천연가스를 액화하는 이유는 액화시에는 기체상태에 비해서 약 600분의 1로 감소하기 때문에 동일한 부피에서 많은 양의 천연가스를 저장할 수 있으며, 수송에도 용이하기 때문이다.

천연가스를 액화시키는 방법은 캐스케이드 냉동 사이클, 다단 캐스케이드 냉동 사이클, 단일 혼합냉매 냉동 사이클, 상온 및 중온부는 프로판을 냉매로 이용한 다단 냉동 사이클을 적용하고, 저온부는 혼합 냉매를 이용한 냉동 사이클을 예로 들 수 있다. 천연가스를 액화시키기 위해서 각각의 냉동 사이클에서 사용되는 압축기에 의해서 LNG 1 kg/h 당 대략 0.3 kW에서 0.7 kW의 동력이 소요된다.

LNG를 연료로 사용하기 위해서는 펌프로 가압한 후에 해수를 이용해서 기화시킨 후 주 배관을 통해서 공급한다. LNG를 해수에 의해서 곧바로 기화하면 천연가스로부터 LNG를 만들기 위해서 소요된 전기에너지를 전혀 회수하지 못하는 셈이 된다. 따라서 본 연구에서는 개방형 랭킨 사이클을 적용하여 LNG로부터 냉열을 회수해 내는 공정에 대해서 상용성 화학공정 모사기인 Schneider Electric사의 PRO/II with PROVISION V9.4 (PRO/II)를 활용하여 전산모사 수행을 통하여 공정에 대한 최적화 작업을 수행하였다. 개방형 랭킨 사이클은 아래의 [그림 5.1.1]에 공정도를 나타내었다.

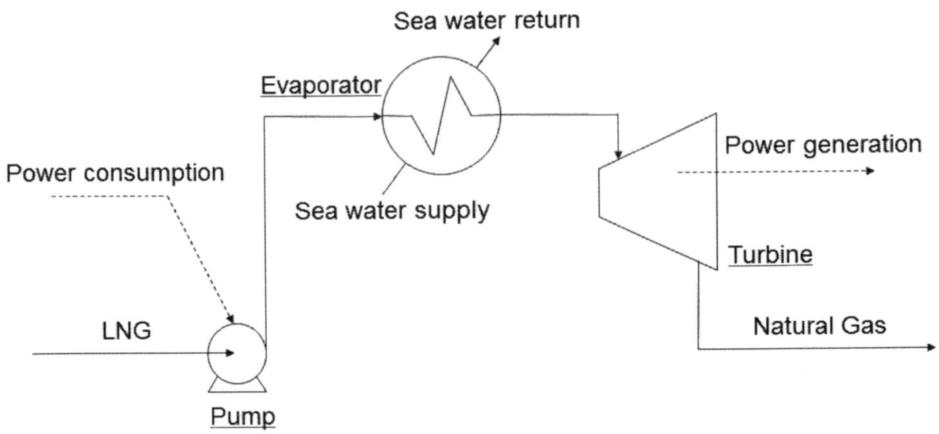

[그림 5.1.1] 동력 생산을 위한 개방형 랭킨 사이클의 개요도

위의 [그림 5.1.1]에 의하면 저온과 저압 상태의 LNG는 펌프에 의해서 50 kg/cm2 이상의 고압으로 가압한 후에 해수와의 열교환을 통해서 기화시킨다. 고압상태의 천연가스는 터보팽창기에 의해서 동력을 생산한다.

최근까지 LNG 냉열발전의 전산모사를 다루는 많은 논문들은 순수한 메탄을 기준으로 계산되었다. 본 연구에서는 국내 도입되고 있는 실제 LNG의 조성 4가지에 대해서 각각 전산모사와 공정 최적화를 수행하였으며 그 결과를 LNG를 순수한 메탄으로 가정한 경우와 비교하였다.

5.2 개방형 랭킨 사이클에 대한 전산모사

아래의 [그림 5.2.]1에 나타낸 개방형 랭킨 사이클에 대한 공정도를 PRO/II를 사용하여 구현한 것을 나타내었다. [그림 5.2.1]에 의하면 LNG는 P1 펌프에 의해서 충분히 가압되어진다. 이때 펌프의 효율은 56%를 가정하였다. 펌프에 의해서 가압되어진 고압의 LNG는 E1 열교환기에 의해서 해수와 열교환되어진 후 완전한 기화가 일어난다. 해수 열교환기에 의해서 기화된 천연가스는 EX1 터보 팽창기에 의해서 동력을 생산한다. 이때 터보 팽창기의 효율은 80%를 가정하였다. CA1은 Calculator로써 터보 팽창기에 의해서 생산되는 동력과 펌프에 의해서 소요되는 동력 및 그 차이 값을 도출하도록 하였다. 또한 OP1은 Optimizer로써 P1 펌프 후단의 압력을 2 kg/cm2에서 90 kg/cm2 사이로 변화시켜 가면서 터보 팽창기에 의해서 생산되는 동력과 펌프에 의해서 소요되는 동력의 차이가 최대가 되는 최적의 펌프 후단의 동력을 구하였다.

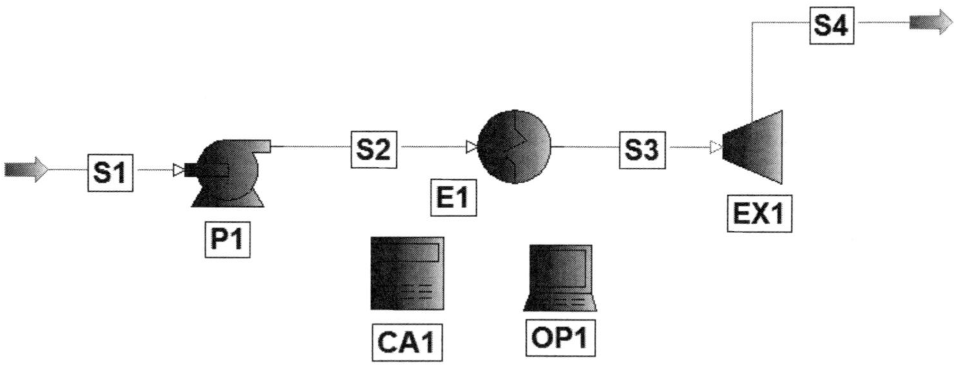

[그림 5.2.1] PRO/II를 활용한 개방형 랭킨 사이클의 플로우 쉬트

또한 아래의 [표 5.2.1]에는 본 저에서 사용한 4가지 종류의 LNG 조성과 순수 성분인 메탄에 대해서 정리하였다.

[표 5.2.1] LNG compositions

Composition	A lean	B rich	C max N_2	D typical	E pure CH_4
N_2	0.00	0.00	1.00	0.04	
CH_4	96.74	85.12	94.33	89.26	100.00
C_2H_6	1.89	8.63	1.97	8.64	
C_3H_8	0.68	4.14	2.50	1.44	
I-C_4H_{10}	0.34	1.10	0.10	0.27	
N-C_4H_{10}	0.34	0.90	0.10	0.35	
I-C_5H_{12}	0.01	0.10	0.00	0.00	
N-C_5H_{12}	0.00	0.01	0.00	0.00	
M.W.	16.791	19.320	17.189	17.924	16.043

아래의 [그림 5.2.2(a)]에서 [그림 5.2.2(E)] 사이에는 [표 5.2.1]에 나타낸 5가지 LNG 원료 조성에 대해서 각각의 전산모사 및 최적화 결과를 나타내었다.

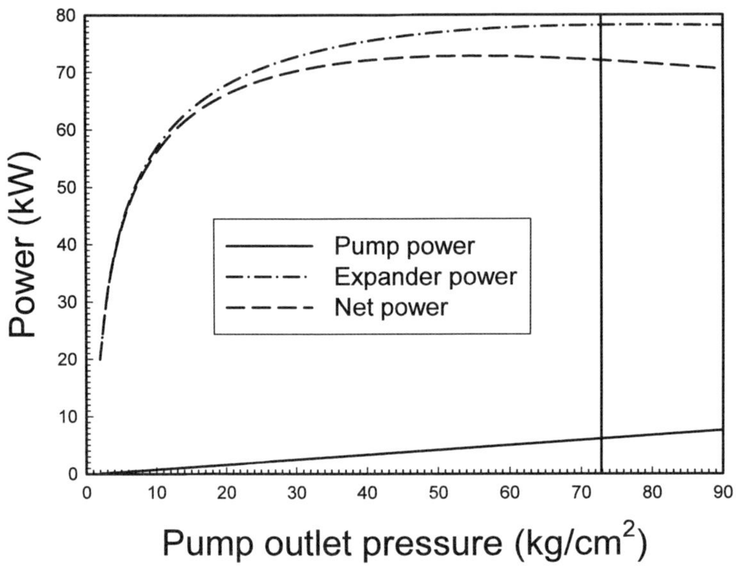

[그림 5.2.2(a)] Lean case에 대한 동력 생산 최대화

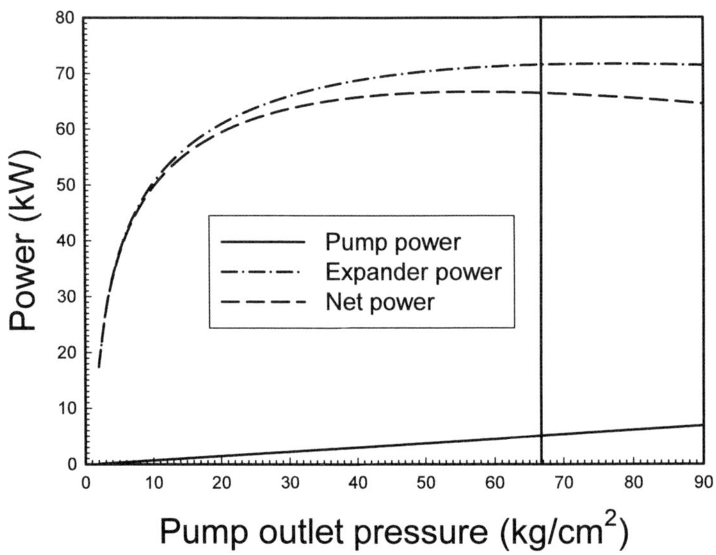

[그림 5.2.2(b)] Rich case에 대한 동력 생산 최대화

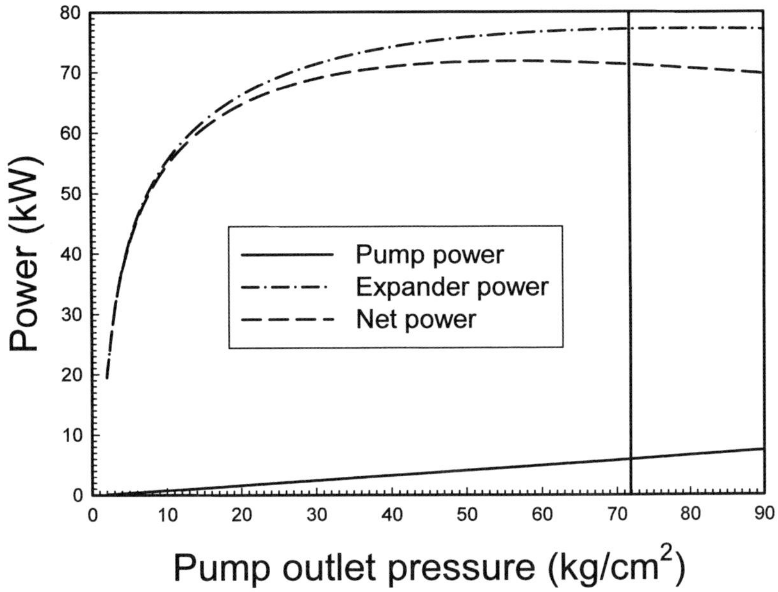

[그림 5.2.2(c)] Max N2 case에 대한 동력 생산 최대화

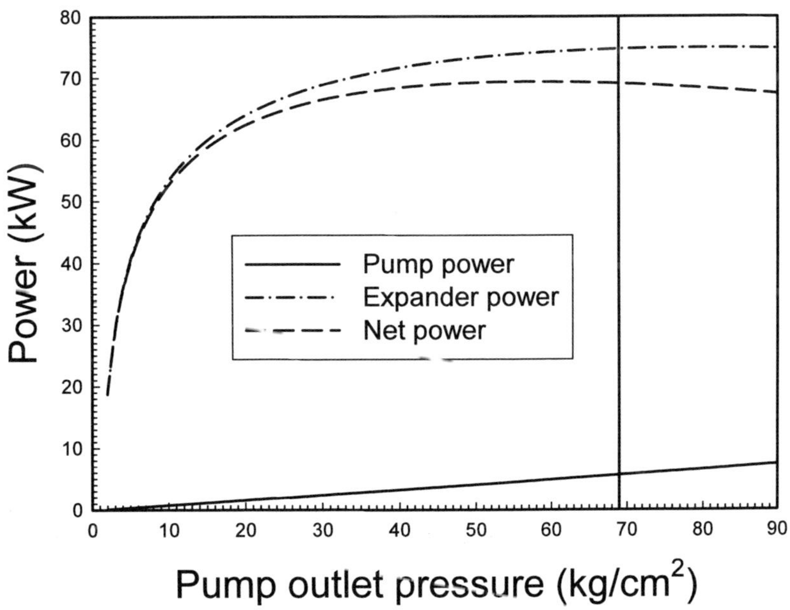

[그림 5.2.2(d)] Typical case에 대한 동력 생산 최대화

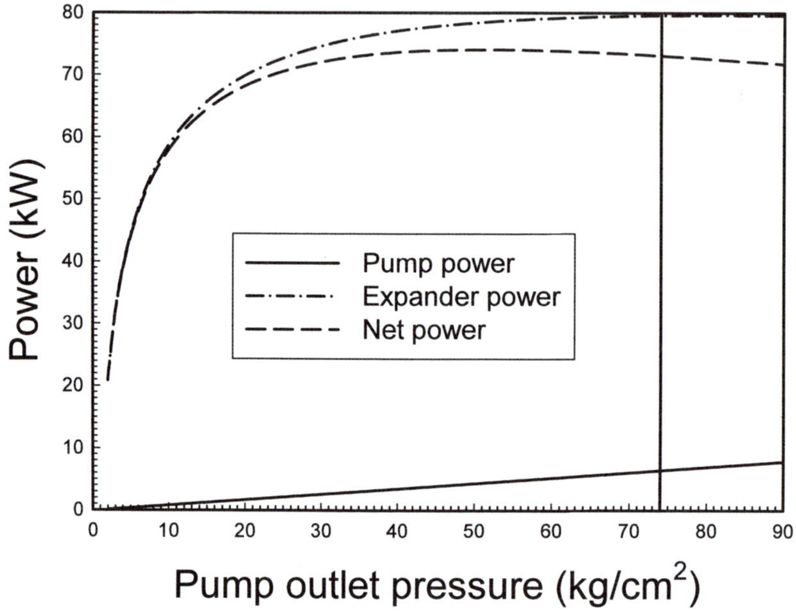

[그림 5.2.2(e)] 순수한 메탄의 경우에 적용한 동력 생산 최대화

위의 [그림 5.2.2]에서는 생산되는 동력을 최대화하기 위해서 목적함수, F는 다음의 식 (5.2.1)을 적용하였다. 한편 목적함수를 최대화시키기 위한 조절변수로는 펌프의 도출압력을 변화시켰다.

$$F = \dot{W}_{expander} - \dot{W}_{pump} \tag{5.2.1}$$

1) 여기에서 LNG에 개방형 랭킨 사이클을 적용하여 국내 도입가스를 대상으로 대표되는 4가지 조성과 LNG를 순수한 메탄으로 간주한 경우에 대해서 냉열발전 공정에 대한 전산모사와 최적화를 수행하였으며 다음과 같은 결론을 얻을 수 있었다.천연가스를 액화하는데 소요되는 동력의 일부를 다시 동력으로 회수하기 위해서 LNG로부터 동력 생산공정으로 본 연구에서는 개방형 랭킨 사이클을 사용하였다. 랭킨 사이클에 대한 전산모사를 위해서 Schneider electric사의 PRO/II 상용성 화학공정 모사기를 활용하였으며, 열역학 모델식으로는

SRK 상태방정식을 이용하였다. 한국가스공사에서 수입하는 4가지 전형적인 LNG 조성과 순수한 메탄에 적용하였다. 해수와의 열교환을 통해서 기화하기 전에 LNG를 펌프를 통해서 가압한 후에 열교환기를 통해서 증발시킨 후 고압의 천연가스를 터보 팽창기를 사용하여 냉열을 회수하는 공정에 대한 모델링 및 최적화 작업을 수행하였다.

2) 얻어진 순 동력은 LNG를 메탄으로 간주하였을 경우가 74.05 kW로 가장 높았으며, 평균 분자량이 작은 case A가 72.84 kW로 두 번째로 높았으며 평균 분자량이 가장 큰 case B의 경우가 66.70 kW로 가장 적은 동력을 얻었다. 그 이유는 동일한 질량유량에 대해서 분자량의 적을수록 얻어지는 부피유량이 증가하기 때문에 터보 팽창기에서 많은 동력을 생산할 수 있기 때문인 것을 알 수 있었다.

제 6 장 천연가스 조성에 따른 수소 생산 시에 발생하는 이산화탄소 배출량 산출

6.1 서론

수소는 전기분해 또는 탄화수소의 개질반응으로부터 제조가 가능하다. 아래의 식 (6.1.1)에는 물의 전기분해를 통해서 수소를 생산하는 경우에 대한 반응 양론식과 표준 반응열을 나타내었다.

$$H_2O = H_2 + \frac{1}{2}O_2, \Delta H_R^0(25^o C) = 241,810\frac{J}{gmol} \quad (6.1.1)$$

현재 국내에서는 하루 500 kg 용량으로 99.999% 이상의 고순도 제조 스테이션이 수소를 연료로 하는 자동차용으로 공급하기 위해서 가동 중에 있다. 국내에서 생산하는 고순도 수소는 모두 천연가스의 개질반응과 전환반응 후에 압력변환 흡착공정에 의해서 제조되고 있다. 식 (6.1.2)와 식 (6.1.3)에는 탄화수소 성분의 개질반응과 전환반응에 대한 양론식을 나타내었다.

$$C_nH_{2n+2} + nH_2O = nCO + (n+1)H_2 \quad (6.1.2)$$

$$CO + H_2O = CO_2 + H_2 \quad (6.1.3)$$

천연가스 개질반응은 고도의 흡열반응으로 알려져 있다. Table 1에는 메탄에서 부탄까지의 천연가스 구성성분들의 개질반응과 일산화탄소의 전환반응에 따른 표준 반응열을 나타내었다.

아래의 [표 6.1.1]을 보면 탄화수소의 개질반응에 대한 표준 반응열은 모두 양의 값을 가지므로 고도의 흡열반응임을 알 수 있으며, 일산화탄소의 전환반응은 발열반응임을 알 수 있다. 개질반응에 필요한 열량은 천연가스의 연소반응에 의해서 공급받는다.

[표 6.1.2]에는 메탄에서 부탄까지의 천연가스 연소반응에 의한 연소열을 나타내었다. [표 6.1.2]에 의하면 탄화수소 성분의 연소반응은 모두 발열반응임을 알 수 있다.

본 연구에서는 한국가스공사에서 제공하는 4가지 종류의 천연가스 조성과 순수한 메탄 성분에 대해서 개질반응과 전환반응 그리고 개질반응에 필요한 열량을 공급하기 위해서 천연가스의 연소반응과 압력변환 흡착에 의해서 99.999% 이상의 하루 500 kg 용량의 고순도 수소를 제조하는 공정에서 발생하는 이산화탄소의 양을 산출하였다.

[표 6.1.1] Reforming reaction equations and their standard heat of reactions for several hydrocarbons

Reaction	$\Delta H_R^0(25^oC), J/gmol$
$CH_4+H_2O=CO+3H_2$	205,800
$C_2H_6+2H_2O=2CO+5H_2$	346,380
$C_3H_8+3H_2O=3CO+7H_2$	498,520
$C_4H_{10}+4H_2O=4CO+9H_2$	650,910
$CO+H_2O=CO_2+H_2$	-41,170

[표 6.1.2] Combustion reaction equations and their standard combustion reactions for several hydrocarbons

Reaction	$\Delta H_R^0(25^oC), J/gmol$
$CH_4+2O_2=CO_2+2H_2O$	-802,610
$C_2H_6+2.5O_2=2CO_2+3H_2O$	-1,428,630
$C_3H_8+5O_2=3CO_2+4H_2O$	-2,043,090
$C_4H_{10}+6O_2=4CO_2+5H_2O$	-2,657,300

[그림 6.1.1]에는 수소제조공정에 대한 개요도를 나타내었다. Fig. 1에 의하면 천연가스의 공급압력은 4.0 barG로 101번 스트림에서 공급되어 두 개의 스트림으로 나누어진다. 하나는 102번 스트림으로 이는 개질기와 전환 반응기에서 수소를 생산하고 압력변환 흡착기에서 80%의 수소를 회수하면서 99.999% 이상의 수소를 생산하는 공정이고, 또 다른 스트림은 개질기에서 필요한 열량과 스팀을 생산하기 위해서 10%의 과잉공기와의 연소반응을 위해서 투입된다. 한편, 압력변환 흡착공정에서 회수되지 못한 20%의 tail gas는 연소기로 주입되어 개질기에서 필요한 열량을 공급한다. 본 저서에서는 [그림 6.1.1]의 공정배열을 통해서 하루 500 kg 이상의 고순도 수소를 생산하는 과정에서 천연가스의 조성에 따른 이산화탄소 발생량을 전산모사를 통해서 산출 및 비교하였다.

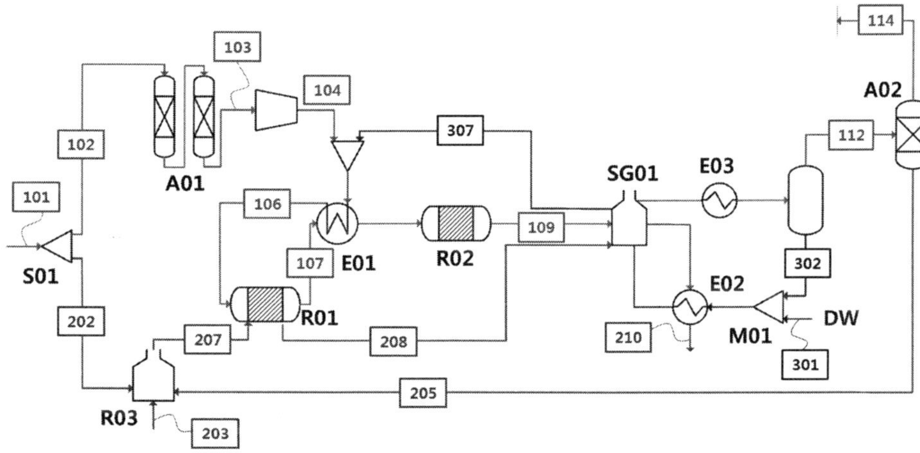

[그림 6.1.1] 수소 생산 공정에 대한 개요도

6.2 전산모사

위의 [그림 6.1.1]의 일 500 kg 이상의 99.999% 이상의 고순도 수소 생산공정의 전산모사를 위한 변수 및 조건은 아래의 [표 6.2.1]에 나타내었다. 109번 스트림은 SG01에서 스팀을 생산한 후에 101번 스트림에서는 천연가스가 주입되는데, 이는 두 개의 스트림으로 나뉘어진다. 하나는 탈황설비를 거친 후에 압축기에 의해서 약간 가압되어진 후에 개질기(R0)와 전환반응기(R02)를 거친 후에

SG01에 의해서 스팀을 생산한다. E03 열교환기에서 응축되어져서 112번 스트림은 PSA 공정으로 주입된다. 여기에서 수소의 80%를 회수한다.

[표6.2.1] Variables and operating conditions for a process simulation

Variables	Operating conditions
NG GHV	9,497-11,154 kcal/Nm^3
S/C ratio	3.0
H_2 production rate	>500 kg/day
H_2 purity	99.999%
H_2 recovery at PSA	80.0%
H_2O content in PSA feed	<0.7 mol%
Feed gas pressure	4.0 barG
Excess air pressure	10%

PSA: Pressure Swing Adsorption

위의 [표 6.2.1]에 의하면 천연가스를 순수한 메탄으로 간주한 경우가 발열량이 9,497 kcal/Nm^3으로 가장 낮은 값을 가지며, 에탄 함량이 가장 높은 rich gas인 경우가 발열량이 11,154 kcal/Nm^3으로 가장 높은 값을 가진다. 개질기로 주입되는 steam to carbon ratio는 천연가스 조성에 관계없이 3.0으로 동일한 값을 가지도록 전산모사 수행 시에 조절하였다. 한편 수소 생산량은 모든 경우에 동일하게 500 kg/day를 기준으로 하였으며 수소의 순도는 99.999% 이상으로 정하였다. 한편 압력변환 흡착탑 입구에서 수분함량은 0.7 mol% 미만이 되도록 전산모사를 수행하였다. 천연가스의 주입압력은 4.0 barG가 되도록 하였으며, 연소반응기에서 과잉공기 함량은 10%로 정하였다.

다음의 [그림 6.2.1]에 의하면 천연가스의 발열량에 따른 CO_2 발생량을 나타내었다.

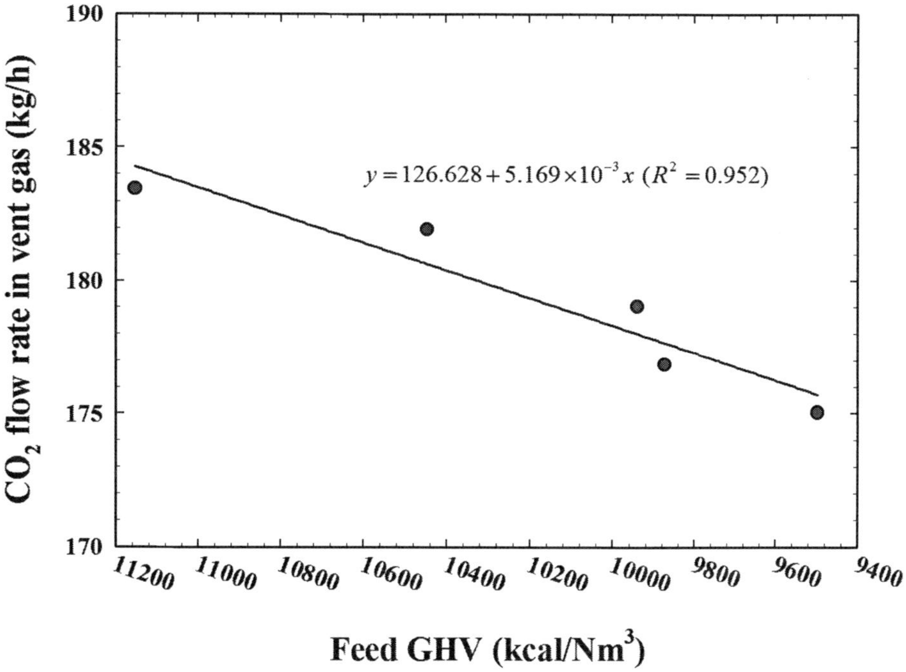

[그림 6.2.1] 천연가스의 발열량에 따른 이산화탄소 발생량

또한 액화천연가스의 종류에 따른 LNG 1kg당 이산화탄소 발생량은 약 8.4kg 정도로 나타났다.

저자소개

조정호 – 공주대학교 화학공학부 교수
김동선 – 공주대학교 화학공학부 교수

온실가스 감축을 위한 미활용 에너지로써
LNG 냉열의 활용

A-JIN

인　　쇄 : 2020년 11월 20일
발　　행 : 2020년 11월 30일
편　　저 : 조정호 · 김동선
발 행 처 : 도서출판 아진
437-120
경기도 의왕시 이미로 40 (포일동 653번지)
인덕원IT밸리 A동 1019호
TEL:02-737-0663 FAX:02-737-0664
Homepage:ajin.to
E-mail:kgb@ajin.to
발 행 인 : 김 근 배
등록번호 : 제330-1995-56호
I S B N : 978-89-5761-528-7 93570

파본 및 낙장본은 교환하여 드립니다.
이 책의 일부 혹은 전체 내용을 아진출판사의
허락 없이 복사 · 전재하는 것은 저작권법에 저촉됩니다.

가격 25,000원

본 교재는 2019년도 산업통상자원부의 재원으로 한국에너지기술평가원(KETEP)의
에너지인력양성사업으로 지원받아 수행한 인력양성 성과입니다. (No. 20194010201730)